Design Secrets 丛书

室内设计秘诀

50 Real-Life Projects Uncovered

[美] 贾斯廷·亨德森
诺拉·里克特·格里尔 著
杨翔麒 杨 芸 译

中国建筑工业出版社

著作权合同登记图字：01-2002-2253号

图书在版编目(CIP)数据

室内设计秘诀/(美)亨德森，(美)格里尔著；杨翔麒，杨芸译.—北京：中国建筑工业出版社，2003
(Design Secrets 丛书)
ISBN 7-112-05840-6

Ⅰ.室… Ⅱ.①亨… ②格… ③杨… ④杨… Ⅲ.室内设计 Ⅳ.TU238

中国版本图书馆 CIP 数据核字(2003)第 037763 号

Copyright © 2001 by Rockport Publishers, Inc.
All rights reserved.
Architectural Interiors/Justin Henderson/Nora Richter Greer

本套图书由美国 Rockport 出版社授权翻译出版

责任编辑：程素荣
责任设计：刘向阳
责任校对：赵明霞

Design Secrets 丛书
室内设计秘诀
[美] 贾斯廷·亨德森　著
　　　诺拉·里克特·格里尔
杨翔麒　杨　芸　译

*

中国建筑工业出版社 出版、发行(北京西郊百万庄)
新 华 书 店 经 销
伊诺丽杰设计室制版
利丰雅高印刷(深圳)有限公司印刷

*

开本：635×965 毫米　1/10　字数：580 千字
2004 年 11 月第一版　2004 年 11 月第一次印刷
定价：**128.00** 元
ISBN 7-112-05840-6
TU·5134 (11479)

版权所有　翻印必究
如有印装质量问题，可寄本社退换
(邮政编码 100037)

本社网址：http://www.china-abp.com.cn
网上书店：http://www.china-building.com.cn

目 录

- 4 前言
- 5 导言
- 6 博博(Bobo)住宅
- 10 阿瑟顿(Atherton)住宅
- 14 库林(Kuhling)/威尔科克斯(Wilcox)住宅
- 18 伍兹(Woods)住宅
- 22 阿莱西奥(Alessio)住宅
- 26 宾夕法尼亚(Pennsylvania)农舍
- 30 翡翠山路住宅
- 34 新加坡住宅
- 38 联体住宅 R(Townhouse)
- 42 现代生活空间
- 46 盖洛德(Gaylord)住宅的改造
- 50 普罗蒂(Protti)公寓
- 54 盖斯(Ghaiss)公寓
- 58 特里贝卡(Tribeca)阁楼
- 62 格林斯坦(Grinstein)住宅浴室改造
- 66 兰迪·布朗(Randy Brown)工作室与住宅
- 70 塞西尔·威廉·格利德(The Cecil William Glide)社区住宅
- 74 纽约 W 饭店
- 78 埃德蒙·米尼(The Edmond Meany)饭店
- 82 切尔西(Chelsea)千年饭店
- 86 阿瓦隆(Avalon)饭店
- 90 勒·梅里戈(Le Merigot)海滩饭店与温泉
- 94 匿名俱乐部
- 98 隔壁的诺布(Nobu)
- 102 伊杰亚(Ideya)餐厅
- 106 罗克(Rock)餐厅
- 110 波斯特里奥(Postrio)餐厅
- 114 埃及剧院的美国电影馆
- 118 私人办公室
- 122 桑托斯(Santos) SAOABU(南澳大利亚＆沿海澳大利亚商业部门租赁)
- 126 布罗德穆尔(Broadmoor)开发公司
- 130 TBWA/基亚特(Chiat)/戴(Day)西海岸总部
- 134 拉雷(Rare)媒体办公室
- 138 卡瓦纳(Cabana)后期生产设施
- 142 10865(Ten 8 Sixty - Five)建筑师办公室
- 146 马赫卢姆(Mahlum)建筑师事务所珍珠街区办公室
- 150 加利福尼亚街300号明亮的盒子墙体
- 154 多克·马腾斯·艾尔瓦伊雷 (Doc Martens AirWair) 美国总部办公室
- 158 记住它! 楼梯/入口
- 162 我的车库工作室与办公室
- 166 儿童广场公司总部
- 170 克拉布特里(Crabtree)＆伊夫琳(Evelyn)商店
- 174 海湾基地
- 178 吉恩·华雷斯(Gene Juarez)沙龙
- 182 家庭生育计划金色大门诊疗所
- 186 阿拉梅达(Alameda)县自给中心
- 190 瑞典科韦南特(Covenant)医院
- 194 塞拉(Serra)神父天主教堂
- 198 大学宿舍,纽约大学
- 202 芝加哥州立大学学生会建筑

- 206 公司目录
- 207 摄影人员
- 208 作者简介

前言

创建室内空间的方法

雷西亚·苏切卡（Rysia Suchecka）

设计必要的过程与方法远远超越于最终图像所表现出来的静态效果。

要依次将直觉、素描、技术绘图、情感、不满与满足视为有意识的发展、提供不断更新的冲击与波动……继续前进……有意识地拓展至未知的领域。不要针对形式，它不是我们工作最终的目的，应该关注的是结果！在这里无所谓开始也无所谓结束；流动，其本质就是变化，是不可能停止的。

惟一稳定的是我们所发现的东西，以及我们工作中的联系；去寻找我们生活中不同寻常的感觉。

所以，你要如何完成美学上的符号，使它能够为参观者传递信息或使他们受到感动呢？

要掌握室内设计方法的技巧，就是要获得组织能力，但是要作为自由的艺术家，则只要关注一个人要表达的内容中最重要的部分。但是在室内及其装饰的技巧方面，无论是对真实存在的过去的结构还是对任何历史式样现代版本的抄袭都是不可能也是不允许的。这项工作就其可能的限度而言，是真实而相互关联的！

室内设计所包含的组成部分有：

- 一个人对项目研究背后的紧迫性。
- 实现业主/所有者梦想的愿望，发现环境氛围与功能之间正确的融合。
- 在场所中创造一种"归属"的感觉——室内空间或建筑不必要相类似，但是要能够从外界获得意象——景观、操场、纪念碑、守护神的位置……还要将所有的内容融合在一起——家具、纪念品、收藏品、艺术作品、梦想、期待、能力以及各种作品——使它们融入将要使用或居住在这里的人们的故事当中去。创造一种明智的真实性。
- 建造分离空间或划分空间的元素的二维概念。
- 在对以下三个方面理解的基础上进行设计：人、空间与自然界。
- 理解时代的语言——我们必须要能抓住瞬间的永恒。我们一定要关心变化，探究流行的时尚、音乐、艺术以及我们这个时代的技术。这给了我们一种室内建筑与设计以外的时间感。假如你从事建筑和/或室内设计，但却没有涉及到你的时代、艺术、时尚以及你所处时代的技术，那么你就不能运用你时代的语言。设计师们必须要能够运用他们所处时代的语言，因为室内建筑学是一种公共的艺术，而我们的职责就是联系生活与艺术。假如我们想要创造出人类与室内建筑学之间的共鸣，那么我们就必须要抓住瞬间的永恒。

无论我们进行什么样的设计都必须能够使用，但是同时它又必须超越简单的使用。它一定要扎根于时代、基地与业主的需求，但又必须要超越时代、基地与业主的需求。

导言

方法揭示

贾斯廷·亨德森（Justin Henderson）

一个美观又具有功能性的室内空间并不是从创造者头脑中突然迸发成熟的，就像是上帝的子孙，从高高的奥林匹斯山降临到街道上，降临到咖啡桌上的休闲杂志中。相反，它是由天才的人们所完成的很多艰辛而且通常是杂乱苛刻的工作的结果。这样的工作出现在摄影产生之前，当设计被制订并确定下来时，这种工作就出现在设计公司与他们业主的工作室与会议室里，出现在机场、飞机上、餐厅、旅馆房间以及世界所有的地方；再之后来到基地现场，这个时候进行建造与室内装饰。本书就提供了这种工作的特性，即设计的方法。

优秀建筑与设计的钦佩者们都曾看到过并喜爱那些充斥着优秀建筑与室内图片的数不清的休闲杂志——这是本书所包含的一部分内容，因为假如没有选材丰富的迷人的照片，那么设计书籍就不会给人以完整的感觉。但是现在我们拥有过量的充斥着优秀图像的书籍，在这里我们想要采取另外一种方法。在努力揭示这50个室内作品——在尺度上从高层办公建筑中的多层空间，到单一细致的楼梯——是如何创造的过程中，我们请设计师们结合优美的图片向我们揭示一些事实真相：剖面、制图、素描、潦草的涂画、记录，以及所有可能会帮助我们揭示设计方法的二维的内容。

在本书中介绍的50个项目的30家公司的反应被综合在一起。这些设计师与建筑师中绝大多数都具有中等知名度，有很多人并不习惯于揭示他们的工作资料——画面与建筑背后的内容——这些都是进入探究他们设计的资料。所以，有很多设计师对我们的要求知无不言、言无不尽，而也有些人声称他们已经将这些家居要素摈弃在设计之外，或刻意忽略，或放错地方而没有时间去发现。另外一些人简单地拒绝给予我们现场的背景资料，这些作品的图像对于出版来说，不够美观、不够优雅，装饰也不够精致。

但这就是要点！我们回答说。去揭示奋斗，揭示设计背后真正的工作。方法并不总是恰当的（尽管这里有很多激发兴趣的图画）。最终，这些天才的设计师与建筑师们为我们提供了各种图像，包括从理念到建造再到完成。图像所涵盖的范围包括从高雅的水彩画到由CAD软件制成的透视图，再到模型照片以及节点构造大样详图。有一些图像的制作是出于市场运作的目的，向业主推荐自己的构思，或是给业主们所期望的感觉；而另外一些则是在内部的集体讨论会上产生的，作为设计小组自己的方式来明确概念或完成精美作品之用。由精通软件的设计师输入信息，这些图像中有很多是由计算机生成的，而另外一些则可能是在晚上喝酒后被随手勾画在鸡尾酒餐巾纸上，或是由无数努力奋斗的设计师们所创作的，从一个方案到另一个方案。其中相当一部分是为承包商准备的，所以他们要能够从中看出灯具设备是怎样固定在顶棚上的，以及窗户是如何与墙面相匹配的。

无论他们原始的目的是什么，在本书中，结合叙述性的文字以及完成的工程照片，这些都有助于揭示这些设计师们的一些工作方法。在这里，你会品味与了解的是有关设计方法的奥秘。

博博（Bobo）住宅

汤姆·昆迪希（Tom Kundig），奥尔森·松德伯格·昆迪希·阿伦（Olson Sundberg Kundig Allen）建筑师小组，
协同贾尼斯·维埃克曼（Janice Viekman）与戴维·古洛绍（David Gulassa）
西雅图，华盛顿州

△ 从入口一侧的街道上看，这所住宅表现出分层的混凝土墙体，又通过正门上方的圆顶予以强调，但是没有什么特征可以显示出另一面的大空间。曲线形的屋顶轮廓线柔化了直线形的建筑体量。这所住宅坐落在一片花园当中，花园是这里以前的主人用了十多年时间培育起来的

尽管第一眼看上去，这个极其简单的钢材、混凝土与玻璃制成的工作室/住宅与周围西北部地区森林环境和普遍有机的风格不很和谐，但是摄影师/艺术家卡罗尔·博博（Carol Bobo）的住宅就深深地扎根在西雅图这片土地上。它所包含的一段墙体取自基地上原来的建筑——为了给新建筑让路，取缔了一条战后的砖砌人行道——这就将新旧建筑、新老房主完全地联系在了一起，新老房主是非常亲密的朋友。同时，拥有开阔视野的横向玻璃窗，建筑与坐落在悬崖上基地景观结合得非常良好，从这里可以鸟瞰皮吉特·松德（Puget Sound），坚固质朴建筑材料的使用，所有这一切都与西北地区的传统形成共鸣——建筑师汤姆·昆迪希提出的生态设计原则就是如此承诺的。在今天，混凝土和钢材与这一地区原始的建筑材料和工业材料木材相比较，在成本上更加高效而且对地球生态会更有利。

博博住宅产生于有效地合作。"协作的过程从来都不是简单的，"昆迪希说，"但它却总是令人满意的"。卡罗尔的住宅是一个使人感觉完整的项目，因为这个项目的协作是相当成功的。通常人们对于协作的思想只作口头服务，但卡罗尔是不一样的。她对于这个住宅非常热情，她清楚自己是这个项目背后的驱动力量——同时她信任每一个人，并且十分专心。概念上的

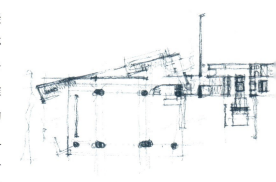

△ 早期的基地平面图中，从前就存在的墙体——上方的斜线——已经被归入新建筑当中了。细线描绘的原有建筑展示了在坐标轴上的转变。基本的结构支撑柱用涂黑的圆点表示

▽ 入口上方旧墙面上新的圆屋顶的表现图

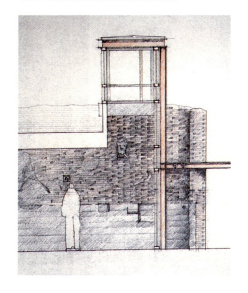

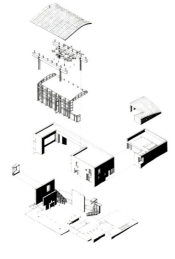

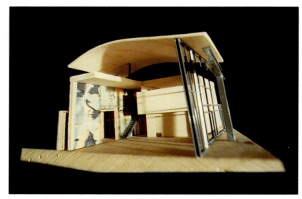

△ 用模型表示的这所住宅早期的形式

▽ 分离的轴测图显示出建筑物不同的组成部分

◬ 圆顶/入口处的景观,展示了基地上原有建筑遗留下来
▷ 右侧的墙体与左侧的新建筑是如何联系的。相对于新建筑来说斜置的旧墙产生了一个俏皮的V型入口

▽ 从西侧观看,建筑与周围景观融为一体。西面主要活动空间的外墙上镶有玻璃,还设置了可通向花园和石砌空地的高大的旋转门,其中玻璃骨架使用的是未经加工与油漆的钢材。由钢柱和巨大的钢梁支撑,铜皮覆盖的屋顶向外延伸,遮蔽了建筑与花园之间的石砌空地

"小组"最初包括昆迪希、博博和室内设计师贾尼斯·维埃克曼;后来工业设计师戴维·古洛绍和他的设计小组也为这个项目作出了重要的贡献,还有很多商界人士,就像昆迪希所说的:"商人不会被训练成为审美家,但是他们了解他们自己的工作与材料,他们的工作是发自内心的。"

对昆迪希来说,与业主进行交流首要的方法就是绘图;他绘制了无数的速写与图纸。本书中刊登了其中的一部分,来举例说明一些由协作而产生的构思。绘图与照片之间有明显的区别,一些在后来转化成了设计,而另一些则没有。

这所住宅就坐落在基地原有建筑的位置上,只是为了改善景观而向西转动了一定的角度。结果,原来建筑保留下来的墙体就不再是正交的而是有一定的角度。当人进入建筑物的入口,保留下来成角度的墙体就好像是新建筑打开的大门,创造出一种由旧到新的感觉——根据昆迪希所讲的,一种令人惊叹的"诗意的并置"的时刻,偶然而又确实地出现了。

◬ 专门设计定做的钢质壁炉以及奥比松(Aubusson)地毯增添了大空间北端起居空间的华美感。窗帘有助于对从玻璃窗直射进来的光线起到散射与扩散的作用。

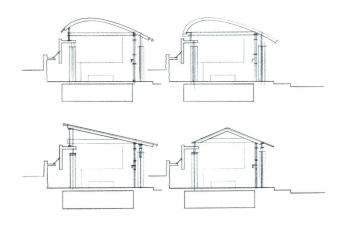
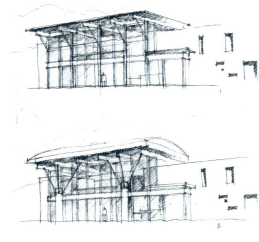

△ 通过平面图与三维透视图，对不同屋顶形式的研究

△ 一扇高大的钢骨架玻璃转轴旋转门将大空间中的餐厅以及建筑西侧室外石砌空地联系起来。餐桌脚上被粉刷成白色的"靴子"增强了离奇的感觉

△ 屋顶延伸与巨大的钢梁对阳光起到遮蔽与屏蔽的作用。旋转门通向建筑的室外空间

建筑物的沿街立面包括一面壮丽的实心混凝土墙，并通过前门上方灯笼式样的圆顶予以强调。由古老砖墙衬托的巨大网格状钢门，通向体量恢宏的"大空间"。从头到尾，这个 26 英尺（7.8m）高，52 英尺（15.6m）长，33 英尺（9.9m）宽的钢骨架核心体包括以下几项服务内容：厨房、餐厅、起居室以及摄影工作室。在西面，一面钢骨架的玻璃墙体构成蒙德里安式的构图，透过它可以看到皮吉特·松德的景色（可以把窗帘拉下来阻挡西晒的阳光，并控制摄影工作室里的光线）。清漆石膏吊顶在头顶上呈现弧形（弧形屋顶覆盖铜皮），一直向西延伸到建筑外部以遮蔽玻璃墙体。在室内，悬挂在顶棚上的钢网格架支撑着剧院灯以及一打由蓓蕾状瓶饰制成的聚光灯。一对笼状风扇有助于控制由发光混凝土地板引起的热量积聚，在玻璃墙体上有一扇很高的旋转玻璃门。地板特意没有进行装饰；就像是生锈的钢材与混凝土墙体，它们全部保留其天然的状态，留有时间的印记，足迹、蜡烛燃烧的印记、水印、

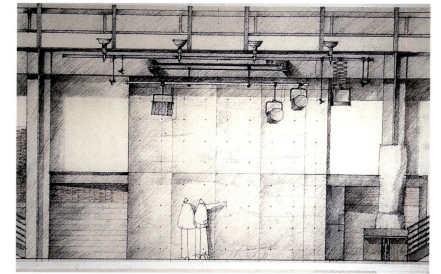

△ 从西侧观看大空间室内的东面墙体，该图描绘了比例

甚至还有建筑与安装工人留下的随手涂画。昆迪希说:"卡罗尔拥有对材料及时强烈的感觉,她欣赏侵蚀的混凝土和锈蚀的钢材。"

在建筑的一端,一根巨大的顶端为混凝土的钢柱界定出开放式的厨房,下面设置一张混凝土板面的桌子。厨房后墙的背后是一个设备核心,包括食品室、女盥洗室以及洗衣房。在这个大空间的中心,用餐空间中摆放有一系列定制的柚木餐桌,由博博与维埃克曼设计,古洛绍专门完成。由古洛绍雕刻的一个巨大的枝状烛台被悬吊在头顶上。餐桌脚上被粉刷成白色的"靴子"以增强离奇的感觉。这些餐桌被安置在铸件上以便能够灵活移动;记住,这个空间也被考虑用作摄影工作室。在建筑的另外一端,家具布置紧凑却很舒适的起居空间中,突出强调了一个钢质壁炉,它由昆迪希设计,古洛绍制造。

这个大空间的侧面设有两翼;北面的一翼包含两间办公室,而南面的一翼则作为卧室与管理员室。博博和她十几岁女儿的卧室与宽阔的大空间相比较是狭小的,好像"洞穴一样的避难所"。但是,无论是在小空间还是大空间的设计与家具布置上,设计师都有着同样的热情,细致到建筑的每一个细小的地方——这种热情很可能会被锈蚀的钢材与侵蚀的混凝土墙面所掩盖住了。

◁ 工业化生产的高强楼梯将大空间与上层北部的办公室以及南部的卧室联系起来。这个位于建筑北端的楼梯与原有建筑遗留下来墙体的坐标轴相一致

◁ 由于全部由玻璃和钢制成,这所住宅中的浴室非常有魅力,是对使用者表现出友善的空间。里面设有雕刻的橱柜、暴露的排水管和温和的装饰,而且在主要浴室,从浴盆透过临近的窗户可以看到良好的景观

▽ 基地平面图上,在新建筑的周围有保留下来的水池和花园。大空间和阳台就在大矩形的下面;车库布置在右下方。原有的墙体斜插入新建筑;夹角的开口处就是建筑的入口和前门

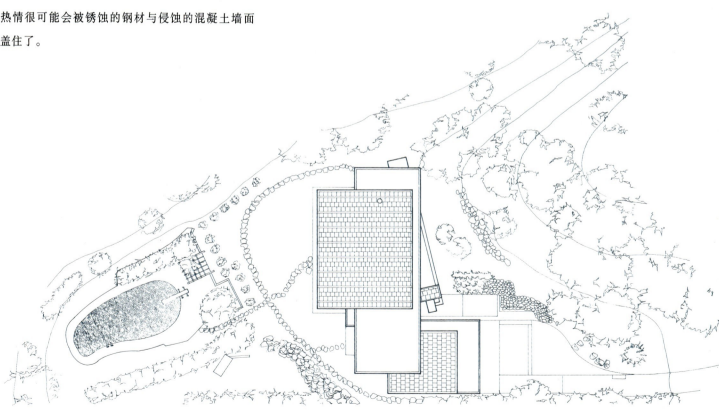

阿瑟顿（Atherton）住宅

建筑设计：奥尔森·松德伯格·昆迪希·阿伦（Olson Sundberg Kundig Allen）建筑师小组，室内设计：特里·亨齐克（Terry Hunziker）
阿瑟顿，加利福尼亚州

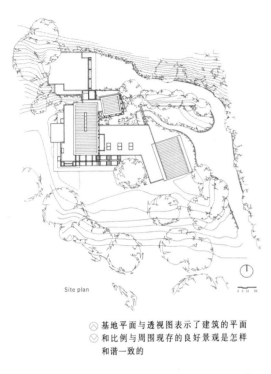

Site plan

◎ 基地平面与透视图表示了建筑的平面和比例与周围现存的良好景观是怎样和谐一致的

这个设计起源于这片宽阔而草木繁盛基地上原有建筑的毁坏，而主人使用旧建筑已经有30年之久了。他们在这里建立起一个家庭，同时也培育起一个花园。在对奥尔森/松德伯格建筑师小组委托进行新建筑设计的时候，业主要求花园能够被保留而不受破坏；新建筑要像原有建筑一样融入周围环境景观中。从某种意义上讲，这片基地就是这个家庭的生息地；建筑师们所面临的挑战就是建造新的住宅而保留这里原来的那种感觉。

业主为了研究他们所想要的建筑类型，曾经对日本建筑进行了调研，进而发现他们心中理想的范例是东京的桂离宫（Katsura），这所建筑以它的质朴、优雅以及与周围花园的和谐关系而著称。吉姆·奥尔森（Jim Olson）为这所住宅所做的设计看起来与桂离宫一点也不相像——除了建筑的宁静与保存了30年的花园融为一体产生微妙的共鸣。新建筑坐落在基地边缘树木繁茂的地方，面对一片开阔的草坪，因此同时具备两种环境特色——遮蔽与开敞。与基地的特点相同，建筑在给人蔽护感的同时，还是一个可以看到整个基地的场所——它本身又是场所的一部分。

随着旧建筑的损坏，奥尔森开始对新建筑进行草图构思，包括将室内与室外空间共同编制到周围的景观当中去综合考虑。在新建筑的建造中，奥尔森同时吸收业主夫妇两个人的意见。其中男主人是一位工程师，他要求建筑体现出技术性——要能经得起可能发生的最剧烈的地震——在圣安德烈亚斯·福尔特（San Andreas Fault）地区，地震不是一个小问题。女主人对装饰与质地更感兴趣，她要求设计师使用微妙的、天然的材料，就像是日本寺庙那样。而且，业主夫妇二人都是狂热的艺术品收藏家，喜爱天然材料制成的艺术品，比如说石头与木材，并愿意使它们保持其本色。这所住宅就用这些天然的材料建造，作为对艺术品和花园的补充。

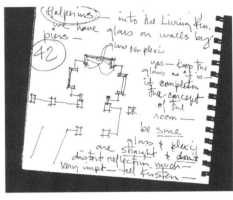

◎ 建筑师吉姆·奥尔森笔记本中的记录，展现了对建筑
◎ 平面、屋顶形式以及其他一些因素早期的概念

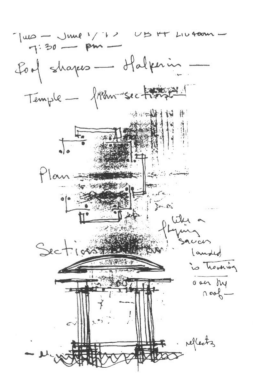

为了容纳这些艺术品，在首层平面提供了很多长廊比例的空间，它们与更为私密的活动空间相对应——三种概念上的空间，表现了生活的不同方面。第一个空间是休息空间，包括厨房和下层起居室以及上层卧室，被布置在建筑的主翼。休息空间集中提供一种居所生活的舒适感。第二个空间是花园，这里包括正式的餐厅以及楼下的长廊空间。建筑的这些部分与室外紧密地结合，通过房门将室内空间与室外相邻的花园联系起来。第三个空间是宁静的神殿，作为光线充足的正式客厅。它是呈一定角度布置的分离的一翼，通过一条光线充足的长廊与主体建筑相连。

室内建筑材料的使用延续了建筑周围空地以及室外空间的特性，消除了室内外空间的分离，使它们融为一体并将花园引入建筑；举例来说，用于结构支撑的柱子是木质的。柱子与地板和梁的连接采用钢材支撑，设计师使它们表现出没有重量感、浮动的特性，进一步增强了建筑在基地当中轻柔谦逊的感觉。建筑的墙体和滑门有很大部分是由玻璃制成的，这样可以使景观进入室内，在视觉上使建筑与景观充分结合。建筑曲线形不锈钢屋顶下面设置的玻璃又增强了这种效果，因为它使屋顶看起来好像是漂浮、悬挂在建筑之上的。

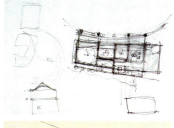
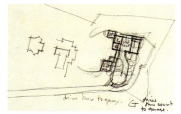

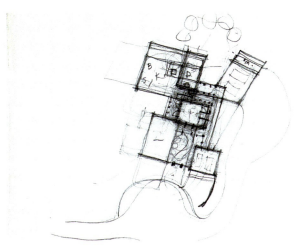

△ 通过几张早期草图中基地与建筑平面的发展演变，展示了建筑师是如何在现有的景观状况下，在决定最终实现方案的过程中尝试考虑不同配置的

▽ 最终建筑平面早期的式样

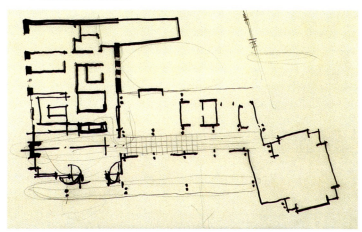

▷ 分离的等轴轴测图揭示了建筑各层的组成

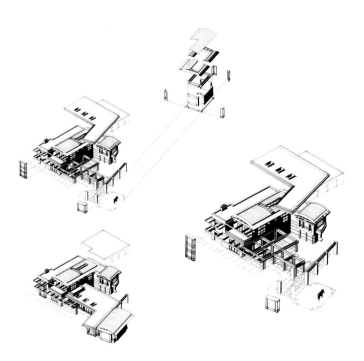

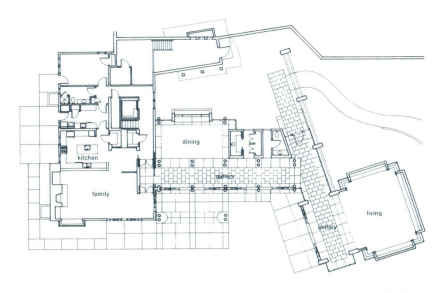

Main floor plan

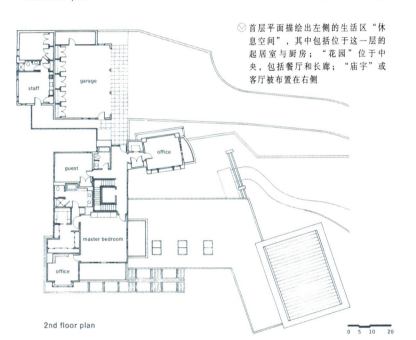

2nd floor plan

◇ 二层平面描绘出卧室与浴室、办公室、车库以及位于起居或"休息空间"一翼的员工用房。另外的一翼只有一个比较高的楼层

◇ 首层平面描绘出左侧的生活区"休息空间",其中包括位于这一层的起居室与厨房;"花园"位于中央,包括餐厅和长廊;"庙宇"或客厅被布置在右侧

△ 起居室的特色在于艺术家安迪·戈兹沃西的布置,它包括无数由树叶和枝桠制成的小雕塑品,每一件都单独摆放在一个侧面为玻璃墙面的木质框架的小分格里

△ 这所住宅在概念上被划分为三个区域;这里显示出其中的两个:左侧两个层高的是休息空间,包含生活区——楼下的厨房、起居室以及楼上的卧室。在中央与右侧,花园包含正式的餐厅与长廊

△ 室外平台与格构遮阳板营造出室内外空间的联系

▽ 建筑的客厅是一个宁静的场所,其中布置了占有重要地位的由艺术家德博拉·巴特菲尔德制作的锈蚀金属马。通过一个美丽的穹顶,空间转化到神殿,这是建筑第三个概念上的分区。所有的家具都是由特里·亨齐克专门设计定做的

◁ 通过在建筑弯曲的不锈钢屋顶下层镶嵌玻璃,设计师营造出一种没有重量感的特色,屋顶看起来就好像是悬浮于建筑之上的

▽ 餐厅与长廊的景观,它们共同构成了概念上的花园空间。举例说明了建筑透明的外维护,使室内与室外、建筑与周围花园之间产生了强烈的视觉交流和联系

由特里·亨齐克特别设计定做艺术品,超大尺度的首层空间,为主人的艺术作品提供了一种生动的背景。其中就包括像德博拉·巴特菲尔德(Deborah Butterfield)的马,一件由锈蚀金属制成的庞大而高雅的艺术品就被安静地放置在起居室中。大的房间与它们周围的花园直接相连,而且为供多人进入的入口提供了比较大的空间。然而,这所住宅最核心的品质还是它带给人们安静的感觉。起居室(神殿)以一个穹顶为特色,它看起来就好像是漂浮在不锈钢顶面之上,自然光透过半透明散射有机玻璃窗照射进来。

在休息空间中,传统舒适的厨房、起居室与卧室都采用比较深的背景色来产生温暖的感觉,尽管有充足的太阳光通过大尺度的窗户照射进来。经过苏格兰艺术家安迪·戈兹沃西(Andy Goldsworthy)的布置,起居室成为视觉上的闪光点。与整个建筑都使用自然的材料相一致,室内还布置了很多由干燥并被压平了的树叶和桠枝制成的小巧的定型雕塑品。这些成型工艺品被放置在一个很高的木质框架中,一个一个单独摆放,比例适宜。整个框架背靠一面实墙,侧面是贯通地面至顶棚的玻璃,使人们可以从多角度对这"框架"的自然构成进行令人着迷的研究。附近的厨房同样是以暖色调装饰的,提供了厨房工作所需要的设备:很多的柜子和储藏空间,一个中央操作台,实际采用的材料包括不锈钢和吸声顶棚,以防止噪声影响到其他的房间。楼上主人套房的特色在于采用了一个曲线形的顶棚,它有助于增大层高,提高空间的情趣,而可以看到花园的阳台,来进一步强化建筑与基地相互交融的感觉。

库林（Kuhling）/威尔科克斯（Wilcox）住宅

富热龙（Fougeron）建筑事务所
帕洛·阿尔托（Palo Alto），加利福尼亚州

△ 正视图展示了不同视点的建筑效果，钢材、石材与玻璃的垂直、水平元素构成了精美的平衡。黑色条纹是经过抛光的花岗石入口通道。楼梯塔四周围合透明玻璃，并在中心穿插了槽形玻璃板

坐落在加利福尼亚帕洛阿尔托的硅谷，库林/威尔科克斯住宅提供了一个5000平方英尺（450m²）发人深思的管弦乐式的现代住宅空间，高雅地与20世纪60年代普通市郊牧民遗留下来比较小的足迹相匹配。最初的意图是想要改造，但由于原有建筑起到妨碍的作用，所以就将它拆除了，为新建筑让路。设计师保持现有的状况，这样可以避免设计规划批准的复杂化，而且还可以保留由景观设计师托弗·德莱尼（Topher Delaney）设计的花园，正是这位景观设计师向业主推荐了建筑师安妮·富热龙（Anne Fougeron）（这是她的第一个住宅设计）。最终，后花园被保留下来，而对环绕建筑四周的前院进行了重新设计——以钢材、石材、玻璃为主要材料，构成了令人眩目的丰富的装饰效果。（由于帕洛阿尔托地区对行列式别墅的喜爱，以及城市后来对这些宏伟主张的控制，导致了这项设计过了两年时间才得以通过。）

建筑师的意图是要营造纪念性与永久性，但不是要根据传统概念的"纪念性"来进行建造。换句话

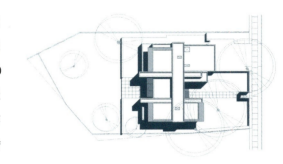

△ 建筑平面与总平面图展示了体量巨大的住宅与其狭小的基地是如何结合在一起的，并举例说明了两个楼层的空间布局情况。与中心起居室相邻的是住宅短而结实的两翼

◇ 本图包括从室内看到的入口，在右侧，联系二楼两部分的天桥，右上方，还有左侧的楼梯塔。在楼梯的中间设置有半透明的槽形玻璃片。天桥上木质的书架与陈列隔板增添了楼上温暖的感觉；左侧通道上丰富的木质铺地也有相类似的作用

◇ 在有两个楼层高的客厅高耸的空间中，一个石灰石的壁炉构成了空间的核心；在抛光的黑色花岗石地面上，摆放着经典的现代红白座椅以及玻璃顶面的茶几

◇ 从厨房空间所看到的起居室

说，建造体量宏伟的建筑，但是却不去参考宫殿或城堡。两个楼层 5000 平方英尺（450m²）的面积可以算是相当大的住宅了，这使建筑的表面装饰具有了丰富的特性：在建筑的外饰面采用了抛光花岗石、法国石灰石、钢材、无尽的玻璃墙面以及雪松。室内饰面包括手工摩制的石膏板，梨木，前表面为钢材的橱柜，还有叫做加拉希（garrah）的硬木。根据富热龙讲，这些装饰与结构质地都是经过研究的，通过制作 1∶1 的模型使业主与设计师们得以对每一个表面进行探讨与体验。

在塑造室内空间的时候，设计小组将所有的连接件都隐藏起来，使工艺的复杂性降低到极点，从而将重点放在材料的运用上。这样产生的结果是一个现代主义者的梦想：简约却异常丰富，多样化的表面，室内/外的空间，从内部的到高耸的，表面的围和与包含。富热龙成长在巴黎，而这座住宅敏锐地引起了巴黎一个划时代的事件：皮埃尔·沙雷奥（Pierre Chareau）的迈松·韦尔（Maison Verre），从 1929 年起，是现代主义运动的经典之一。富热龙也许是沙雷奥的钦佩者，但同时她又是坚定的现代建筑师。因此在库林/威尔科克斯住宅中她综合运用了有趣的现代材

通过走道看到的餐厅景观；半透明的槽形玻璃墙体与天桥在顶部相交。木质地板与手工摩制的石膏墙体增添了这个冷峻而现代的空间的丰富感

从客厅看到餐厅位于左侧，天桥位于右上方，天桥的一侧布置有一行木质的书架。槽形玻璃墙体在右侧贯通楼梯间，以利于光线通过，而主要私密性的房间则位于二楼的左上方

料，例如 10 英寸（25mm）厚，由英国制作的槽形玻璃，这在沙雷奥的时代是不可能用到的。

这座两层高的建筑中心是有两个楼层高的开放式起居室，侧面一边是由玻璃围合的走道（包括一个雕塑的楼梯塔），另外一侧是石灰石饰面的储藏墙。它的一翼包括优雅的客厅，还包括开敞的厨房和餐厅。在客厅的上层布置着卧室与阳台。跨越中央起居室，另外一翼包括一楼的办公室和客房，还有二楼的办公室以及练习用房。在前门的上方，一座天桥横跨起居室，将二楼相互分离的两个部分联系起来。

两层高的以槽形玻璃墙体包围的走道，由纤细的钢柱支撑的玻璃墙面，顶部狭窄钢梁支撑的冰花玻璃地板，这个建筑实际上是透明的，是安置在前后花园之间的一个分层分列的玻璃盒子。在其中还布置了黑色花岗石以加强连接，构成了前面的入口通道，建筑内部的起居室地面，以及建筑后面的石砌空地。与之相似，用条板制造的顶棚向外延伸形成框架的天篷。景观花园会使人感到有些惊讶，例如利用在熔化的挡风玻璃中嵌入光学纤维制成的"岩石"，它们在黑暗

一对洗脸盆被一个钢橱柜分隔，盥洗室在材料上展现出非凡的奢侈：白色的大理石、巴拿马花岗石、金属编织网以及玻璃

中可以发光。现代与经典的设备采用平淡的色调达到色彩上的平衡——偶然出现的明亮色彩起到了突出的作用。

丰富的材料，动态相互作用的垂直面与水平面，再配合以鲜明的斜纹楼梯，整个建筑在给人的视觉感受上是丰富的，使人惊异与愉悦——特别是做到了本质上的节省，以及建筑物质朴的特性。这是一座纪念碑式的建筑，在材料与结构质地上都非常丰富，它愉悦地摈弃历史构件的伪装，而是优雅地展示出伟大的设计力量。

◇ 在楼上的走道，半透明的玻璃地面和玻璃墙体一直通向玻璃楼梯塔

◇ 两层木质书架，就好像是陈列隔间一样，被布置在二楼天桥一侧的

◇ 从天桥看到的另一个视图，展示了楼下的客厅。贯通始终的玻璃墙体与镶板保持了最大的透明度与光线流通程度

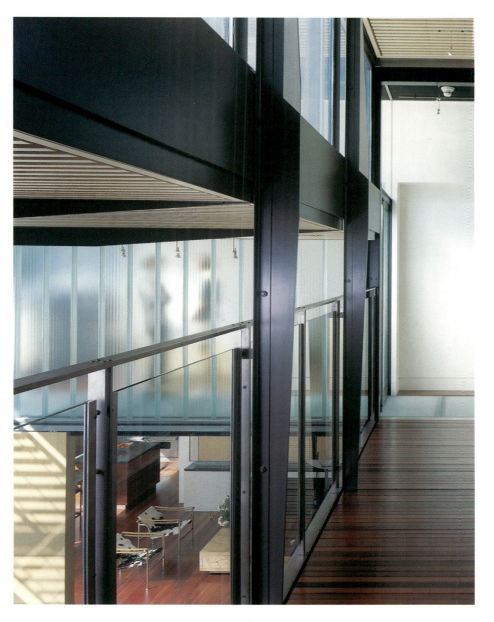

伍兹（Woods）住宅

史蒂文·埃尔利希（Steven Ehrlich）建筑事务所
圣莫尼卡（Santa Monica），加利福尼亚州

这座洁净、直线性的现代建筑坐落于圣莫尼卡峡谷阔叶灌丛覆盖的悬崖边，从这里可以看到太平洋以及马利布（Malibu）山脉的景象。令人满意的是，你很难发现这里的景象所发生的变化。这所住宅第一次设计与建造是在1975年。十年以后，又对该建筑进行了改造，增加了650平方英尺（58.5m²）的一层。最近，建筑师史蒂文·埃尔利希被委任将建筑扩大约三分之一左右，并且将室内彻底重新布置，其主要目的是强化室内与室外之间的联系。

埃尔利希的室内设计工作由彻底的拆毁开始，仅保留了楼梯，将整个室内空间变成了一个空壳。为了开始改变，埃尔利希为厨房的推拉门制造了一个滑，从而"蒸发掉了"室内外之间的屏障。

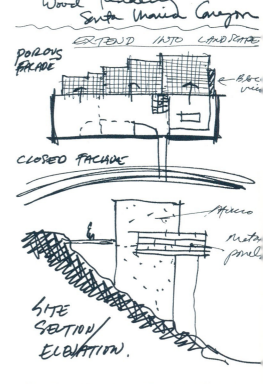

早期的草图表现了埃尔利希是如何看待这个建筑的，在延伸至景观的一侧具有开放、"多孔"的表面，而在另一个沿街的立面则是封闭的。在标高图中包含具有一定质量与体积的铝板，它从建筑中向外伸展，在功能组成上类似于仓库和/或柜台

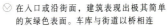

在入口或沿街面，建筑表现出极其简单的灰绿色表面。车库与街道以桥相连

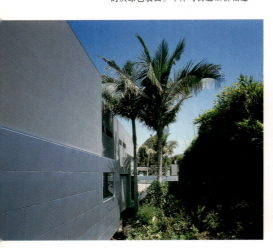

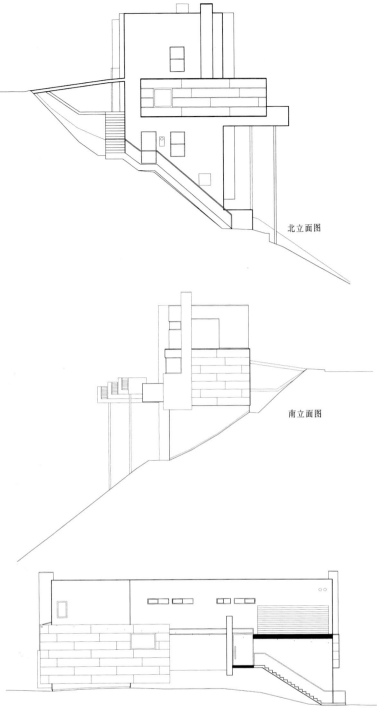

北立面图

南立面图

东立面图

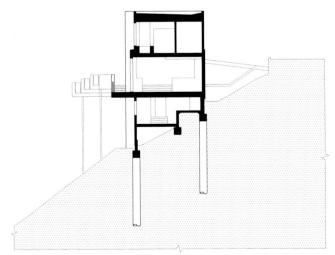

横剖面图

西立面图

埃尔利希增添了具有一个楼层的新的一翼，并且使它与原有建筑呈阶梯状布局，与已经定义了这所住宅的阶梯状韵律特征保持一致。另外，这样还可以使客厅与餐厅装配转角玻璃窗，从而最大限度地看到外面的海景。新的一翼比原有建筑低大约2英尺（0.6m），这意味着新的客厅的顶棚比较高，从而具有更加宏大的空间品质。

在建筑的外表面增添了新的元素。电镀铝板覆盖在主建筑外原始的灰泥粉刷层之外表，然后再将它们粉刷成灰绿色。除了产生趣味性，对比室外的新结构体，设置电镀铝板还具有功能上的目的，作为为它们所依附的主要空间服务的工作柜台或储藏空间。两个壁炉，分别布置在建筑的两端，同样是作为体量元素出现的。表面由经过磨光的灰色水泥砂浆粉刷装饰，这些壁炉增加了立方体的构成。

简约但却丰富，充满阳光，这个宁静小巧的建筑在室内外相互关系上获得了相当的成功。所有的材料具有功能上的韧性——混凝土、玻璃、铝板、石灰石还有木质地板——高雅的组成结构对使用者来说是非常友善的。

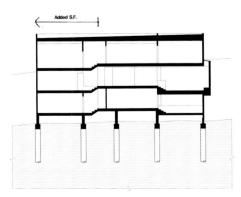

纵剖面图

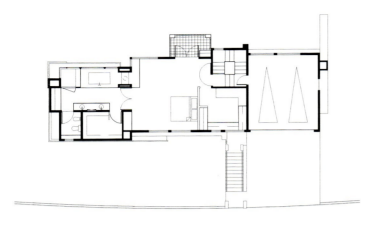
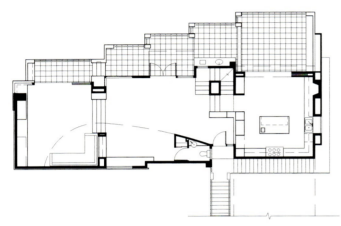
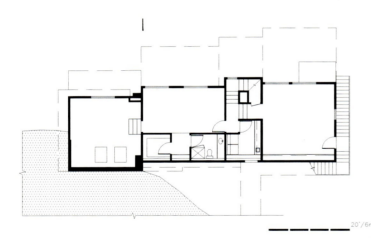

△ 由上至下，分别为三层、二层和一层平面。新的一翼位于左侧比较远的地方

△ 延伸的楼层使建筑的西北面更显优雅；新的一翼（上图），比原有的建筑断面稍低一些。通过将新的一翼略微后移，建筑师得以在建筑转角的地方设置转角玻璃窗 ▽

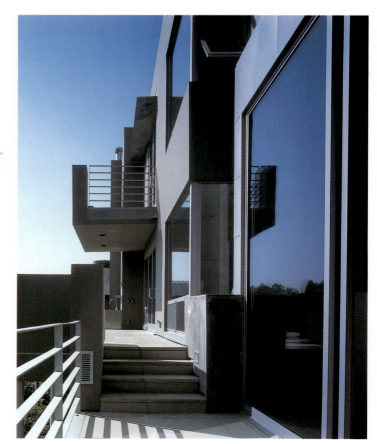

◎ 厨房和相邻的阳台通过隐藏在滑槽中的推拉门相连,从而消除了室内与室外之间的屏障。木质的地板与橱柜为狭小的直线性室内空间增添了温暖的感觉

◎ 左侧延伸的大片玻璃使建筑室内充满阳光。通过经改良的材料宁静有趣的相互作用,这个立体派、极简抽象的室内环境是柔和的——木材、灰泥、石材、钢材、玻璃——精心挑选的艺术品和家具,分别有透明的、半透明的以及不透明的质感

阿莱西奥（Alessio）住宅

建筑师伊万·里亚韦茨（Ivan Rijavec）
澳大利亚

不同寻常的、几何造型的阿莱西奥住宅室内室外的景观。丰满的曲线以及富有挑战性的造型，这所住宅看起来十分舒适，对使用者来说非常亲和而友善

伊万·里亚韦茨，现在正在"Down Under"工作，他所从事的高智力水平的建筑实践令相当多的建筑师们感到惭愧。然而，里亚韦茨并不是仅仅停留在理论上，在尚未兴建的大学的安全环境里探索其空想的理论。里亚韦茨踊跃地实践，他的建筑作品从公共建筑综合体到艺术展览室，当然还包括很多醒目而新颖的住宅。在这里所展示的阿莱西奥住宅就是一个"典型"的里亚韦茨式住宅，在其中体现了建筑学中很多基本的几何学分支——因为这正是里亚韦茨所选择的研究领域。就像他所写到的："我们的设计以最简单地用图像来解决问题为开始，这要经过几个不同的设计阶段，通过多次调整曲率和斜度，将其转变成为几何学，使观察者能够感受到我们认知系统有意识的主观性……这样做的动机是将观察者放到一个自然的……感觉上的迷惑……因此，就在观察者们所看到的、所想像的和他们所观察的主题建筑之间，令人惊奇的探戈舞曲随之发生了。"

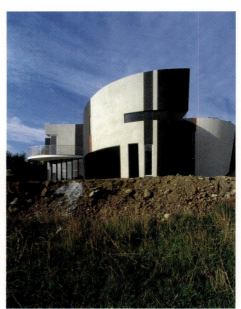

阿莱西奥住宅是一个"典型"的里亚韦茨式住宅,在其中体现了建筑学中一些基本的几何学分支

这听起来好像里亚韦茨是要将建筑学的极限推向超现实主义领域。这样做,使机能的建筑成为引人注意的壮举——设计师已经多次实现了这一点。

在里亚韦茨的工作中,计算机扮演着重要的角色:"在对这些几何学进行探讨中,计算机的作用是为设计过程中的对象化铺路……这会带来思维的加速进步。纠缠在一起的众多曲线在不同的图层中表示,当图像太过密集不好辨认的时候可以将其关掉……这种工作方法的有效性使得我们在最近一些项目设计中,或多或少地废弃了用铅笔绘图。"

▷ 在里亚韦茨的工作中,计算机扮演着重要的角色。铅笔作为绘图工具,在他最近的很多设计中,或多或少可以说已经被废弃了

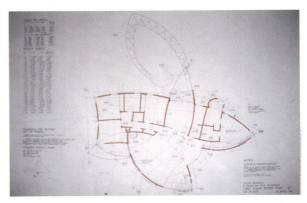
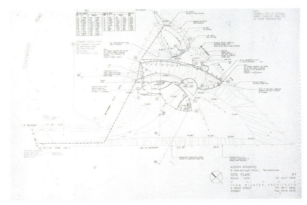

结构照片表现了这样一个非常规形体的建筑建造过程可能是比较复杂的，但是在本质上，它与比较典型的直线性建筑的构造是相同的，都以木质框架作为基本的结构要素

因此这个阶段就被确定了下来。里亚韦茨的哲学非常复杂，很难用如此简单的话语或这一个项目为例解释清楚。但是看一看阿莱西奥住宅，这个里亚韦茨作品的精粹，包括这所住宅的图像、室内和室外，以及一系列建造过程中拍摄的照片，便可以知道一切了——它具有新颖、独特而奇异的感染力。

建筑师说："在这所住宅中所假定的内部核心是呈圆锥形的厨房，它表面装饰有光滑垂直的黑白色条纹，跨立在客厅、餐厅和起居室的交点上，它们向外折叠，就好像是瑞士军刀的刀片。"平面表现出这样的外观。这些照片展示了一座打破了所有直线性法则的建筑，但是它所追求的是舒适、现代风格与优美。

这些照片展示了一个打破了所有直线性法则的设计,然而它所追求的是舒适、现代风格和优美

宾夕法尼亚（Pennsylvania）农舍

德赖斯代尔（Drysdale）设计公司
兰开斯特（Lancaster）县，宾夕法尼亚州

△ 这所小农舍周围环绕着柔和的景观花园

▽ 阳光明媚的客厅从前是两个黑暗的房间。设计中减少了家具和陈设品，以便欣赏"低调处理的建筑"，其中包括人工砍/锯制成的顶棚以及松木地板

个人的起步暴露出我们很多潜在的自我，而一名设计师一丝不苟地组装她的住宅则能揭示出有关她思维方法的巨大秘密。这个案例是玛丽·道格拉斯·德赖斯代尔（Mary Douglas Drysdale）对位于宾夕法尼亚州兰开斯特县，一座18世纪中期农舍的改造。她整体论的方法展现出她在建筑学、室内设计与工业设计领域文艺复兴的训练。

德赖斯代尔从一个狭小、黑暗的旧式农舍开始。她第一个目标就是要了解这座受阿米什（Amish）影响的建筑的起源——也就是说，将它的设计放入历史的时间线当中。前门上的侧柱上面雕刻有1823年的字样，但是"通过对这座建筑结构与平面的判断，我认定它是在此之前50至75年间建造的，而侧柱则是后来加上去的"，德赖斯代尔如此评论。她专注于历史的设计，并且要对"这种风格进行现代的再诠释。"

不久她就意识到，原来的平面布局不能适应现代生活的需要。开始，首层布置的是两个狭仄的房间。德赖斯代尔对空间进行了重新划分，使之成为一个比较大的房间，并且还扩展出一个设备完善的厨房。然而她保留了裸露的松木地板，又在需要的地方铺设了新的地板，另外，她还保留了手工砍制的简单粗糙的横梁，这实际是二层地板的交接处。整个二层平面被重新划分为一个单独的空间，并保留了一个小型的盥洗室（没有展示）。三层（阁楼）变成了客房和私室的组合。

△ 印花取自历史的式样

◎ 由餐厅和客厅看向前门的景观

◎ 除了室内的建筑式样之外，德赖斯代尔对整个农舍都进行了装饰，其中包括取自民间的主题，例如从餐厅看到的雕塑牛

◎ 阿米什式的被褥与床周围的华盖相匹配

对德赖斯代尔来说，这个潜在的设计是非常重要的。"它必须是合理的和舒适的"，她说，"首先从基地与建筑之间的关系开始，继而发展到各个房间之间的关系，只有这样你才能进一步考虑家具之间的连接……无论房间中的部件多么昂贵，假如没有一个综合的设计，那么空间就会缺乏潜力。一个优秀的设计是会使暗淡的材料闪光的。"

当这个设计被确定下来，德赖斯代尔为在室内所营造出的历史的光泽，以及用阿米什与19世纪费城古董装饰房间而感到欣喜。（当一些移民者从大城市迁移到费城时，她从他们那里选择这些装饰品）。裸露的横梁上干刷了五层白色颜料，以得到一种富于质感的效果。基层的松木地板被冲洗成黄色、灰色与橙色，古老的柱子被装饰以龟裂的效果。主卧室的印花图案引自18世纪的设计。织物与家具装饰是另一个层

⊘ 在卧室的铜质浴盆中进行洗浴

⊘ 德赖斯代尔众多的民间主题之一

⊘ 屋顶阁楼舒适的角落

⊘ 呈现在厨房中的机制木工产品,增强了厨房的重要性

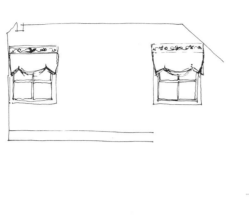
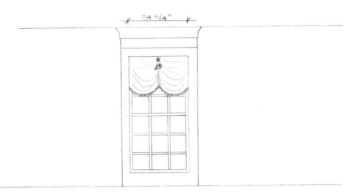

△ 窗户的草图
◁

次,其中包括阿米什钩毯、颜色鲜艳的织物、19世纪油漆讲究的巴尔的摩椅。然而,德赖斯代尔并没有忘记现代的舒适要求。如果你到近前观看,你会发现一个大屏幕电视(隐藏在一个橱柜中)和一个制冷器。

从室外观看,这座农舍是个安静而简单的场所。然而在室内,它则是个迷人的静居处,优雅地拥有民间的历史、不同寻常的古董以及温暖的意图。

△ 休息凹室的草图

翡翠山路住宅

WoHa 设计小组［翁·芒·苏恩（Wong Mun Sunn）与理查德·哈塞尔（Richard Hassell）］
新加坡

从主要道路上看到焕然一新的住宅，但是立面与其挂瓦坡屋顶都没有改变。新加坡传统商店建筑的宽度都不会超过19.8英尺（6m）

这里展示的住宅位于新加坡翡翠山历史街区（在建造完成之后，家具与设备确定、安装之前），是一个荒废的建筑，这时一对内行的年轻人购买了它，计划要将其变为具有现代风格的都市之家。然而对它的改造受到严格的控制，尤其是对建筑的外观。因此解决的办法只能是在已有的体量内部营造出新的形式。

在1989年，翡翠山历史街区，截止到果园路，成为第一个城市/国家历史保护区域之一。这里主要包括两层的层叠式建筑，其设计风格跨越了90年。到1989年，翡翠山已经衰落了，人们认为它的彻底破坏与重建是不可避免的。但事实与之相反，这个区域被保留了下来，并获得了极大的成功：今天的翡翠山作为新加坡专有区域之一，是一片安静的住宅区，距离喧闹的果园路仅有几码之遥。

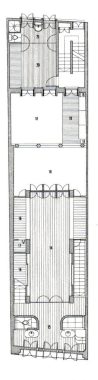

首层和二层平面图

屋顶和阁楼层平面

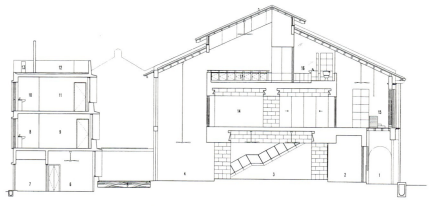

穿过游泳池的纵剖面图

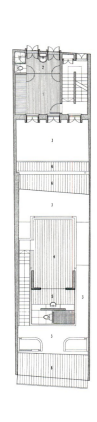

◎ 从餐厅向后观看抬高了的客厅，它的上层是主人套房。在铺设木地板的起居室的另一边，可以看到建筑的沿街立面

◎ 透过起居室观看庭院，后面的建筑体块是厨房与客人招待区。在新插入的砂岩立方体与原有建筑墙体之间有上升的楼梯，原有建筑墙体粗糙的砖墙上涂刷了涂料，与新体块的平滑表面形成对比

根据 WoHa 设计小组的理查德·哈塞尔讲，被选择改建的建筑是一座后特勒斯（Terrace）风格的商店，建于 20 世纪 20 年代。为保持街道面貌，建筑正立面和屋顶轮廓线的比例与外观都要保留下来。然而，对室内与建筑背立面的要求就没有那么严格了，允许有不同的布局和安装现代的设施。法规允许设计师们改变建筑后面的体块，这些部分是厨房与浴室，只要新建筑的高度不要高于原有建筑的主要屋檐。

新加坡传统商店从街道上看都显得比较小，因为其正立面一般都不会超过 19.8 英尺（6m）宽。但是建筑的进深很大，从街道向后延伸 66 或 99 英尺（20m 或 30m），上面覆盖着很高的坡屋顶，形成了在高度上达到 49.5 英尺（15m）的量体——但可惜的是没有什么光线与空气流动。在改造这样的建筑时，哈塞尔说："当地板被去除，整个空间都展现出来的时候真是一个美妙的时刻——从破旧的屋瓦之间照射进来的光线投到粗糙的砖墙上——这是一个内在的固有形态的空间，但是通常由于隔墙与地板的存在而被隐藏了起来。传统的商店建筑，虽然创造出了生动活泼的街道景观，但是其室内空间却是黑暗而没有吸引力的。"WoHa 设计小组决定要创造"一种与建筑外观具有同样影响力的室内感受。"

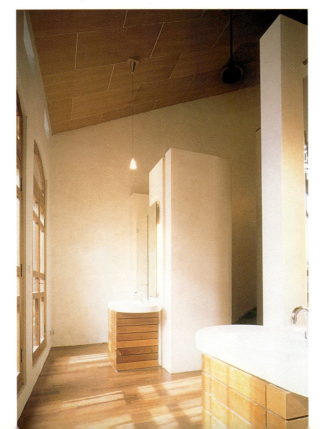

◎ 在新建体块的上层，层高很高的主人浴室中，木材与白色的墙面形成富有感染力的对比

从一扇窗户中观看位于前后建筑之间的小庭院

透过庭院观看三层高的餐厅。在玻璃墙体与餐厅的另一边,新安插进来的建筑体块中上下层叠布置着起居室与主人套房

为了这个目的,他们在既有的体量中创造出一种新的形式。新的体块是一个砂岩的立方体,与原有墙体相分离。在新与旧之间夹有狭窄的楼梯,"戏剧性地表现了"高而狭窄的空间体量。新建砂岩立方体划分了首层平面,在门厅与餐厅之间布置了抬高了的起居空间。它的上面是主人套房;在这个体块的顶部,低于原来的屋顶,设计师们在这里安排了一个书房。

原来后面的体块被拆掉了,并以一个新的三层建筑作为代替,其中首层用作厨房,上面是客人招待区。由于将这个体块安放在原有建筑的后面,建筑师们就在新老建筑之间获得了一个很宽的空间作为庭院。通过在后面的体块中布置第二部楼梯,设计师们将这两个建筑的连接控制在极小的钢材与木材的平面上。

设计师们在后面砂岩立方体中的餐厅——餐厅同样是三层高——与庭院之间布置了一面三层高的玻璃墙体,并用圆木支撑。除了限定出餐厅/庭院之间室内外的空间特性,这个玻璃墙体还增加了主要建筑体量中的光线入射深度。通过将后面建筑的砂岩墙体向上倾斜,设计师们制造出一个反射器,也可以将光线反射至主体建筑中。

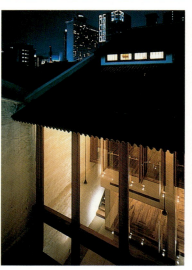

从后面新建筑的屋顶阳台上向下观看到的餐厅

从后面建筑的屋顶观看,庭院中具有曲线边缘的蓝色水池与建筑的直线性形成优美的对比。这样的视图有助于说明从屋顶到地层的建筑高度

△ 新的轻质楼梯倚靠着原有墙体,为了形成对比,对粗糙的砖墙进行了涂饰

◁ 楼梯延伸到新建筑的屋顶阳台,表现出新的设计是如何使这所住宅与室外具有密切的联系的——这是传统商店建筑中所不常见的一种特色

一个平铺在蓝色透明玻璃上的温泉水池成为庭院中的焦点,它强化了室内光线的作用,将强调的重点转移到室内外之间的交接上,"要避免商店建筑表现得太过室内化,"哈塞尔说。后面新建筑的屋顶阳台使这所住宅与室外有了进一步的接触。

材料包括中国花岗石地板,柚木制品,以及印度的砂岩。原来粗糙的砖墙,随着高度增长厚度逐渐减少,仍然保留其粗糙的质地并进行涂饰,与平滑的新建筑元素形成对比。新的砂岩立方体具有一副钢质的框架,设有柱子,包括所有装置。考虑到原有建筑的狭小,设计师们完成了一项伟大的工作,创造出开敞、宽阔与明亮的室内空间。

△ 描绘餐厅以及餐厅与庭院之间玻璃墙体的图纸,该图在建筑建造之前绘制,表现出这个高耸、玻璃质感的空间戏剧性的影响力

▷ 剖切游泳池的早期透视图,新建的包含厨房与客人招待区的建筑在左侧,主体建筑在右侧,入口门厅在最右边。餐厅就位于庭院的右侧,起居室和主人套房层叠布置在餐厅的右侧,而书房则隐藏在原有屋檐的下面。在最后的设计中(见剖面),设计师们在书房的旁边增加了第四个浴室

新加坡住宅

WoHa 设计小组[翁·芒·苏恩（Wong Mun Sunn）与理查德·哈塞尔（Richard Hassell）]
新加坡

△ 前入口展现出高雅简洁的构成，木门的侧面摆放着一个盆栽植物

▽ 首层平面与二层平面图表现出这所住宅如何被设计成由三个连接着的楼阁松散地环绕着水池。四周围绕着热带的植物，水池直线形的造型有助于放松三角形基地的紧迫感

这个新加坡家庭的设计出于对一些看似矛盾的要求的回应。被委任这个项目的一对内行的年轻人希望得到一个开放的建筑物同时又具有安全性；热带风格穿透式通风同时又要求有空调；将建筑定位为露天的同时又具备完全的私密性；非正式的而又具有都市风格；最后，他们还非常渴望能够同亚洲的传统联系起来，但又希望新鲜与现代。除了这些相冲突的要求外，设计师们还要面对一块难以处理的，四分之一英亩大小的三角形基地，它被其他的建筑所环绕，而业主已经请其他建筑师在这片基地上开始了一座建筑的设计。

WoHa 小组开始工作，并研究出了一项设计，其中包括三个连接着的楼阁环绕着一个中心游泳池——这是一个私密的中心空间，从所有的房间都能够看到并与外界完全隔离。公共房间在楼下，主人的套房与其他卧室以及浴室布置在楼上。

建筑的表情浮现出两个主题：楼阁由木材和瓦制成，坡屋顶，而楼阁之间的连接结构则是平顶的，简单的墙体——与沉重的木材相对比——在坡屋顶的下面滑动。

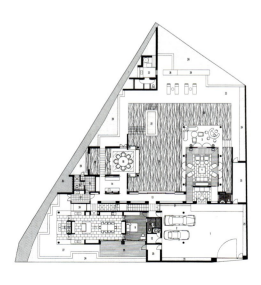
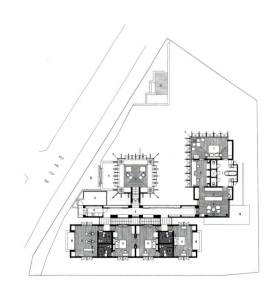

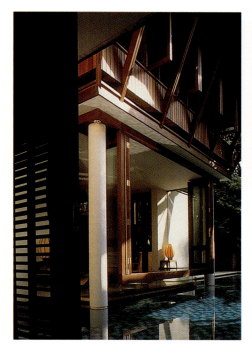

▷ 起居室与餐厅的景观
▽ 楼阁举例说明了设计师们如何将游泳池周围的室内空间与邻近的反射水池区紧密结合在一起的

△ 这幅透视渲染图由建筑师在这个项目开始之前完成,作为对业主简报的一部分。与建筑完成后的照片进行比较,表现出这幅绘画成功地传达了这个方案室内与室外、水池与周围楼阁花园之间的关系

建筑与水池组成了一个单一的、和谐的统一体。通过将水池设计成直线形,并在四周布置热带的景观,设计师们克服了基地的局促感,相反却创造出一个感觉比实际更大的空间。微风与水池中变换的光线会影响到室内光线的性质;深深的出挑使建筑室内免受季节性风雨与飞溅水滴的干扰,同时又能使建筑即使在风暴中也保持开敞。屋顶上的风扇提供了穿透式通风,但一系列的推拉门、折叠门与槽门又可以使建筑在使用空调的情况下完全关闭,并保证其安全性。

室内设计与建筑结合得天衣无缝,很多装饰都贯穿建筑内外。室内与室外都采用赭色、抛光、上蜡的地面,将各种装饰材料联系在一起,其中包括金色的中国花岗石,蜂蜜色马来西亚的巴拉苏(Balau)木材,碳黑的奥塔·菲莉特(Otta Phyllit)石材。固定的装置有用来限定空间的橱柜(有的房间是空调部件),采用柚木、橡木、樱桃木和胡桃木,电镀镜面以反射花园的景象,进一步消隐室内外之间的屏障。与室内进行抛光研磨的花岗石同样的石材,还用在花园中粗糙的墙面上,以及作为覆盖季节性风暴排水沟的圆形鹅卵石。

▷ 起居室表现出东西方风格与形式的和谐交融。工作照明是为这所建筑量身定做的，利用了传统的中国与马来西亚的抽象造型

开始业主要求布置传统、沉重的木质家具与柔软的织物与垫子，但是设计师认为这种方法不适合室内/外明亮轻盈的风格。相反，翁·芒·苏恩定制了一套家具，综合了业主的要求，但是将沉重的木材与用条板制成的敞开的镶板结合，使用泰国丝垫以保持其冷峻与轻盈。设计师们将照明结合到设计当中，通过凹进处光线的强弱来突出"结构的韵律感"。定制的灯具采用现代的中国式样，而马来西亚造型经过发展作为工作照明。

由于一位业主非常热衷于烹饪，所以厨房是这所住宅当中一个主要的元素，由需要而复杂化，分为两个分区。在亚洲地区的传统是：开敞的"湿"厨房用于比较容易产生刺激气味的亚洲烹饪，而使用空调的"干"厨房则用于西式烹饪。在这两个分区中，这个设计将定制的不锈钢设备与木材、镜面橱柜与花岗石地面结合在一起。

带有浓烈亚洲传统色彩，但同时又表现出现代设计最大的价值，这所住宅体现出温暖的、动态的，以及融合了东西方的感染力，辉煌地在密集的城市基地上得以实现。

△ 厨房——实际上它分为两部分，"湿"的亚洲式厨房比较开敞，而这一部分，"干"的西式厨房则比较封闭，使用空调。木质的房门与地板，以及照射进来充足的阳光都温暖了不锈钢设备的冷峻

△ 餐厅家具的细部。座椅、餐桌、灯具都是为这所住宅特别设计的

◇ 浴室的早期草图显示出顶棚的造型,密室门在左侧,洗涤槽与浴盆在右侧,当它们建造完成后非常漂亮

◇ 宽敞、高顶棚的主浴室。玻璃门营造出私密性的区域。天窗增加了浴室室内的光线

◇ 走廊与主卧室的景观表现出窗户如何对阳光起到遮蔽作
◇ 用,而同时又能让充足的阳光照射到室内。卧室好像被包围在热带雨林当中,创造出一种完全私密的效果

联体住宅 R （Townhouse R）

福尔丁（Faulding）建筑事务所
纽约市，纽约州

想像一下你希望如何居住，"从地基考虑到床单"。这是当福尔丁建筑事务所开始一个新的项目时的座右铭。建筑师希瑟·福尔丁（Heather Faulding）与室内设计师玛格丽特·戴维斯（Margaret Davis）鼓励业主从一块开放的石板开始，慢慢地，一层一层地，决定设计项目的特性。在联体住宅 R 这个案例中，塑造出了一个古怪的室内，突出了业主独特的兴趣与品味。

首先，要鼓励业主保持这所联体住宅坐落在纽约市的上东侧。这有助于建筑师在建筑的后部增加 20 英尺（6m），因为这所城市住宅原来只有 48 英尺（14.4m）长，15 英尺（4.65m）宽。同时，这样还可以在建筑的后部增加凸窗，从而使更多的自然光照射到室内。

△ 在这个四层高的联体住宅的后部又增加了 20 英尺（6m），原来这所建筑只有 48 英尺（14.4m）长。凸窗可以使更多的自然光照射到室内

▷ 联体住宅的断面图

△ 首层浴室的表现图

▽ 在保姆浴室的展示墙上中，主人设计的陶瓷锦砖大象图案反射到镜子上

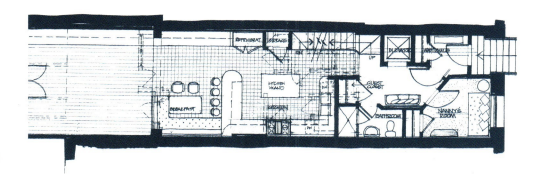

◎ 首层平面包括入口、厨房和起居室

◎ 厨房邻近起居室,通过屋顶的荧光灯照明,其特色在于内部定做的橱柜

基本的方案彻底剥去了建筑的内表面。于是幻想曲开始了。就像在正视图中所看到的,这所联体住宅非常宽敞,足以满足业主提出的各种活动要求,包括一间客人卧室、一间保姆用房,甚至在二楼或主要起居室摆放一架大型钢琴的空间。室内的独特效果来自于对细部的关注,而细部正是对业主来说最重要的——首层浴室中大象图案的陶瓷锦砖(马赛克),儿童浴室中的海洋主题,以及主人卧室中温和的花园主题。

这所住宅所获得的成功必须要归功于福尔丁与戴维斯所采用的工作方法。福尔丁将其称为"阅读业主的灵魂。"她鼓励探索性的研究——通过杂志、书刊以及所有可以利用的资源,找到能引起业主喜悦与舒适感的对象与景象。从这里入手,开始设计。通过对空间二维的和三维的解释来提出概念。这些作为一个出发点,适用于其他一些思想或与最终设计的结合。最重要的是要与业主建立起一种"彼此信任的关系"。

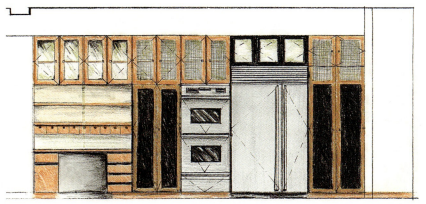

◎ 厨房橱柜的正视图

◎ 密室的特色在于定做的搁架

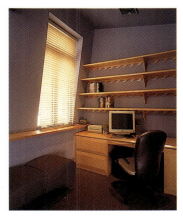

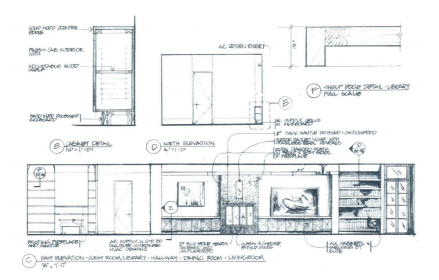

二层的东立面图,对客人卧室、书库、走廊、餐厅以及起居室进行了特写

这所住宅的主人是一位钢琴家,所以在二层起居室和餐厅中都设计了摆放大型钢琴的空间

起居室速写

洗衣房反映了儿童浴室中出现的海洋主题

洗衣房与小厨房的立面图

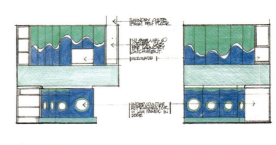

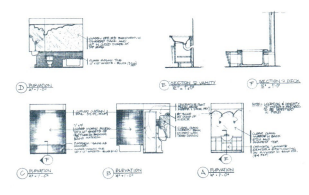

◇ 儿童浴室表现图，详图显示出浴盆像是一艘小船

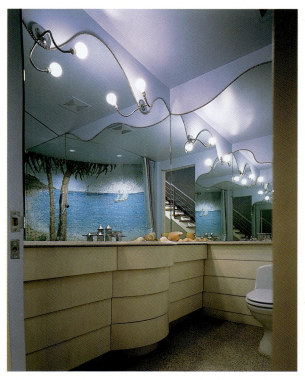

◇ 儿童浴室的特色在于海洋主题的玻璃马赛克壁画。浴盆是一艘小船

◇ 通过儿童房中手工绘制的橱柜，可以看出设计师古怪离奇的念头

▽ 即使是主卧室的床罩也是经过专门设计的

◇ 主人浴室由玻璃门分隔，因此它可以是一个比较大的空间，也可以是三个独立的空间。淋浴浴盆区同时也是一个蒸汽室

现代生活空间

切科尼·西蒙娜（Cecconi Simone）公司
多伦多，加拿大

低矮的餐桌和座椅在视觉感觉上增加了正常层高空间的高度。厨房、餐厅和起居室组合布置在这个600平方英尺（54m²）的空间中

在新千年中，我们都渴望在为公寓居民建成的天然"绿洲"中，寻求逃离高科技社会的避难所。这里介绍的是切科尼·西蒙娜为1999年于多伦多举办的国际设计展展示会所设计的现代生活空间。展示会要求设计师们在一个600平方英尺（54m²）的生活空间中反映现代的生活。切科尼·西蒙娜的设计基于对四个基本元素的综合——火、土地、空气和水。

现代游离的文化需要一个有伸缩性的生活空间，设计师安娜·西蒙娜（Anna Simone）与伊莱恩·切科尼（Elaine Cecconi）得出了这样的结论。同时公寓的居民需要一个"每日超负荷信息混乱的避难所，一个供人休息与反思的空间。"而且，房地产价值不断增长而生活区不断减少，生活空间的尺度很可能变得非常狭小，尤其是在大众化的城市里。设计师们也具有环境意识，比如"为得到安宁的21世纪景观，与周围自然环境的直接相互作用与对地球的关心是统一

座椅可以放在餐桌旁使用，也可以拉到后面作为窗口凳

◎ 设计师们将未来的公寓视为一个安静的绿洲，一个逃离高科技世界的避难所

▽ 首层平面图表现出在狭小的空间中各种设备是如何布置在一起的

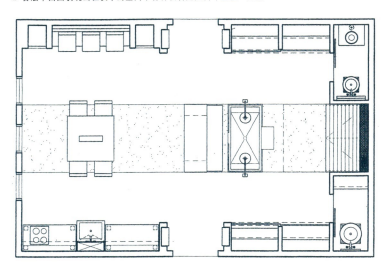

的，"这就是设计师所讲的。因此，装饰品一般利用保留下来的室外材料，例如将剑麻与混凝土用于室内，以"将室外引入室内"，并"对传统的舒适家庭的概念提出挑战。"现代家庭最常见的装饰设备如个人计算机、微波炉、大屏幕电视等。与之相反，这里所营造的是一种"令人感到安慰的特色"，比如室内花园，燃烧蜡烛的壁炉以及两人间的淋浴室。

这里包括一系列的厨房、餐厅与起居空间。空间的核心是一张日本风格的餐桌，为了不在房间中占重要地位，所以被摆放在了很低的位置。在餐桌周围是专门设计的座椅，可以拉到墙边作为沙发。在半透明的玻璃板后面是两人间的淋浴室。最后是一个安静的区域——一个木质座椅的分区，在晚上可以将盖着深红色垫子的墨菲（Murphy）床折叠下来使用。背光式帆布面板门后面是壁橱——小型公寓典型的储藏空间——同时也是位于凹进床的侧面的一个小型家庭办公室。

在这个空间当中已经布置了所有的家具，所以从本质上说，居住者只要带着他或她自己的衣橱与个人用品就可以入住了。一旦在这里居住下来，草本植物的花园允许"随心地用鲜活的绿色植物来调整与装饰。"浴室空间"重点在于洗浴设备保守的豪华，既作为一种仪式，又是一个静居的场所。"点燃壁炉中的蜡烛，营造出了一种气氛。

△ 在半透明玻璃板的后面，浴室中有一个超大尺度的浴盆，还有有两个喷头的淋浴器

◇ 在白天当折叠床被收起来的时候,就展露出一个舒适的平台

◇ 草本植物的花园就布置在厨房的操作台上。剑麻与混凝土材料被运用在整个设计当中

盖洛德（Gaylord）住宅的改造

GGLO 建筑事务所
西雅图，华盛顿州

△ 在这个西雅图厨房的改造中，建筑师在装饰中运用多种色调，以打破内装橱柜的连续感。一个水磨石面板的操作台与一个华美的、多种颜色的挡水板，在现代的风格与传统的温暖之间获得了令人愉悦的平衡

▽ 设有新的中央操作台的厨房粗略设计；该图表现了对中央操作台与头顶上玻璃装置的设计

在建筑师比尔·盖洛德（Bill Gaylord）（西雅图 GGLO 公司的一名组建成员）举家迁入 20 世纪 60 年代早期建造的殖民地式样的西雅图住宅之后三年，他选择进行一次适度的改造，中心围绕一个主要厨房的更新，以达到使这所住宅更加适于居住的效果。顶棚低矮厨房狭小，这所住宅是陈旧的——尤其是厨房部分。盖洛德说："厨房是每一所房子中的核心，我希望能够在这里吃饭，看报纸，并且有足够的空间可以邀请 20 个朋友到这里来，而不至于太过拥挤。"

盖洛德委任一位当地的承包商拆除了厨房以及相邻早餐区的一角，然后布置了新的厨房，并通过将一面墙向外推移以扩大空间，得到了更具感染力的平面。新的厨房环绕着一个中央操作台布置：4 英尺 × 11 英尺（1.2m × 3.3m）大小，樱桃木操作台，特色在于绿色与茶色再生玻璃水磨石装饰的面板，彩虹色的珍珠贝，以及 lait 色调的 café au 大理石片。操作台的面板两端都有一定的悬出，以便形成更像桌子式样的造型，具体来说，它要模仿的是图书馆的桌子。

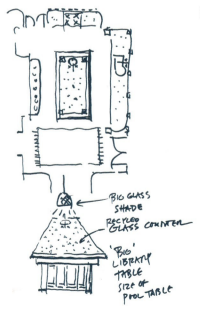

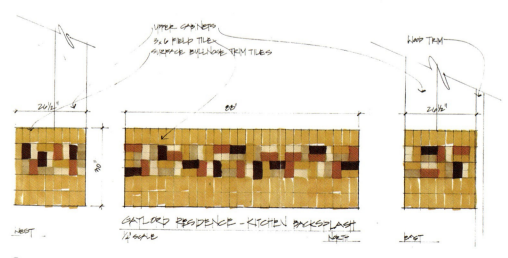

△ 彩色绘图表现了建筑师对厨房挡水板的设计，它由多种颜色的瓷砖构成

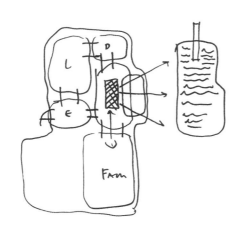

◎ 粗糙的草图表现出厨房的正视图，包括橱柜与中间的桌子，另一张平面图描述了室内外之间的关系

◎ 完全的厨房景观效果，该图在实际建造之前绘制

带有斜角玻璃的7个法式门分布在整个建筑中，18英尺（5.4m）长大面积的玻璃窗使阳光照射入厨房，把这里变成了一个"温室"。凹陷顶棚上的人造光源与橱柜下面的设施，还有包括悬挂在操作台上面一对引人注目的吊灯在内的定制设备，都丰富了照明环境。为了打破橱柜的连续性，并使内装设备更加清晰而突出，建筑师确定了一种装饰和色彩——大多数是咖啡色调的，以表现盖洛德与他的妻子对咖啡的喜爱。一面瓷砖挡水板，同样是多种咖啡色组合，加上空间中其他动态的颜色，促进了现代风格与旧时式的温暖之间的平衡。

无论在哪旦，尽管盖洛德无法将7英尺10英寸高的顶棚升高，但是通过加大装饰的比例，例如在门上方的线脚，他至少做到了使空间看起来比实际更高了。除了这种巧妙的处理外，盖洛德实现变化与视觉多样化最主要的工具就是色彩。厨房的特色是咖啡色调；另一方面，餐厅则采用丰富的南瓜色调，以突出放置在房间一角的微红色的tansu，或是日本式的水池。

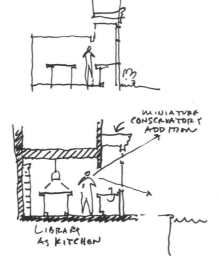

◎ 与图书馆相类似的厨房早期草图。建筑师将一面墙向外推移以扩大空间，同时也在厨房中营造出一个光线充足、具有温室一样特性的空间

GAYLORD RESIDENCE FEMODEL **47**

盖洛德是个收藏家，他住宅中的一部分是计划用来展示收藏品的。在厨房和餐厅之间的墙上设置了凹进的搁置架，上面摆放了600多个盐与胡椒搅拌器收藏品。在起居室里有一个旋转的网格明信片支架，用来展示收集来的明信片，为这个围绕一个温暖的壁炉设计的淡蓝色房间增添了使人心情浮动的感觉。在每一个房间中，都可以看到当代西雅图艺术家们的艺术品以及建筑师女儿的作品。

主人套房也进行了重新布置，拆除了一面墙，主要是为了简化从卧室到浴室的交通。增加了三对镜面反射门以提高室内的亮度，同时在视觉感受上加大了化妆间的面积。在浴室里，盖洛德为自己安装了一个柱盆，而为他的妻子布置了一个传统的梳妆台，这些不相匹配的设备反映了他们不同的风格——这两种风格在这个温暖的家里每一个房间中都充满艺术感的融合在一起。

◈ 餐厅温暖的，南瓜色的墙面对日本tansu水池起到装饰作用。桌子是经典的柯布西耶式，椅子是从廉价商店购买的

◈ 不同的建筑外立面与正视图，还有起居室的布置，这些都是建筑师在方案设计阶段所绘制的

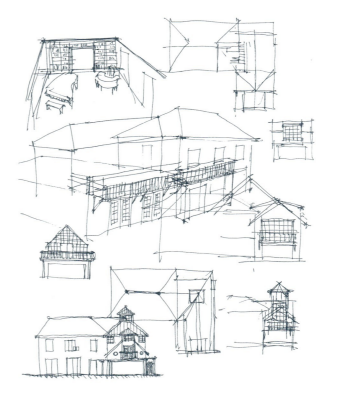

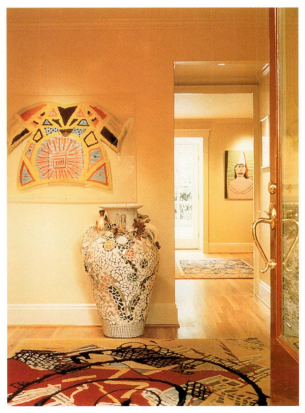

◎ 几对法式门连接着起居室与相邻的院子。俏皮的现代艺术作品与随意、舒适的家具设备顺利地融合在一起

◎ 主人浴室中男女主人不相匹配的水槽，女主人的在墙的这一侧，而男主人的柱盆在另一侧才能看得到

普罗蒂（Protti）公寓

卡鲁佐·兰卡蒂·里瓦（Caruzzo Rancati Riva）建筑事务所
米兰，意大利

◁ 首层平面显示出布置在中央的支撑墙体是如何成为公寓核心的，各个空间都围绕着它布置，从位于上方中心的入口门厅开始

普罗蒂公寓坐落在一大片住宅公寓当中，靠近20世纪60年代的米兰博览会；在这个高密度的建筑用地中具有间隔的绿地景观，根据卡鲁佐·兰卡蒂·里瓦的主要设计师莱蒂齐亚·卡鲁佐（Letizia Caruzzo）讲，米兰公司最近对公寓室内进行了改造。卡鲁佐将这一区域描述为拥有"经过修饰的60种风格的建筑语言。"在她的公司为普罗蒂公寓所做的设计中体现了她所描述的"与生硬功能分区相反的布局的有机特性，"建议反映出这个区域直线性的建筑与柔和边界绿化之间的交错。卡鲁佐除了是名设计师外，还是很优秀的语言驾御者——至少在解释方面——所以也许用她自己的话来说明这种情景是最有效的："我们希望我们的设计能够反映细部的一些统一性，作为一种组合方式的综合定义，由阿贝·洛吉耶（Abbe Laugier）建议，并由勒·柯布西耶再利用，它可以将合理化原则与表现力的要求结合起来。"换句话说，即为平衡合理化与感官享受，在其中增加一些曲线。它会使事物表现得更加性感。

▷ 在这幅早期的黑白绘图中，设计师们已经确定了墙体的重要地位，它位于最右侧，上面有水平的木纹，使从右后方入口到前景的起居室之间的空间产生动感。如图中所表示的，将木地板沿对角线斜向布置的构思在最终的设计中得以实现

▽ 彩色绘图展现了起居室与餐厅的景观,其后部为木板墙。曲线有机的造型与直线性的空间设计相对比,被曲线形的墙体(没有显示)所打破,这种手法在多种形式的设施中被重复运用

▽ 餐桌与轻巧的座椅具有经典的现代风格;餐桌的椭圆形造型与左侧墙面的曲线相呼应

△ 起居室照片展现出干净精美的家具与背景中丰富的胡桃木饰面墙体相匹配。家具包括一个长沙发和一个椭圆形的羊毛垫子,周围镶着黑色的皮边,一张黄色皮革带有靠头与脚凳的扶手椅,以及带有金属装饰的圆柱形的桌子。右侧展示壁龛中有几样选择的展品

△ 通往餐厅与起居室的走道由水平胡桃木夹板装饰。橙色/棕色的色调是一种叫科乔·佩斯托的特殊装饰材料,很好地将木材与石膏统一在一起

这个公寓原来采用传统的布局,而新的设计将其"打破",以获得比较流动的空间——这不是一个看起来完全开放或封闭阁楼式的体量,而是能够从中体会到运动的空间,"在所有房间之间循环、渗透……明确地表达,"卡鲁佐是这样说的。产生这种运动感的主要元素是一面墙,整个墙体外面都包着意大利胡桃木水平狭板,从卧室一直延伸到起居室与餐厅。从改建以前所绘制的草图、最终的设计方案以及照片中都可以清晰地看到,设计师们将这面墙作为公寓中的核心"对象"进行了想像与发展,各个房间都围绕它组织,并在墙体中间设置了大型储藏室,从两边都可以进入。墙体以一个半圆形的曲线结束,标志着通往办公室的通道。成角度弯曲的墙体,被卡鲁佐描述成为一个"有机的体量分隔,"增加了透视感,从而使空间看起来比实际更大。与几件椭圆形和圆形的家具一起,这面墙在外形上与周边直线性的墙和窗户形成了对比。

通过在墙上的一扇滑门导向主卧室套房，这是一个矩形的平面，壁橱的直线（胡桃木装饰墙的背后）与另一面包围浴室的曲线型墙体向对应。这两个元素——一个弯曲，一个笔直——在被卡鲁佐描述为"透视的漏斗"的走道汇集，走道通向这所公寓的办公室与邻近的阳台。

出于传统的考虑，设计师们将客房和浴室布置在入口的一侧；越过推拉门的那一边，他们布置了厨房、女佣卧房与浴室以及服务空间。

卡鲁佐确定了材料的颜色，有助于将形式互相对立的元素综合在一起。中央承重墙表面用意大利胡桃木装饰，它水平的条纹产生了一种空间中的流动感。柚木地板沿对角线斜向布置，有助于将不同的体量结合在一起，并使用一些经过精挑细选的暖色调地毯来装饰。设计师们用浅色的曼图安（Mantuan）灰泥装饰墙体，然后又在起居室的柱子上添加了叫做"科乔·佩斯托（coccio pesto）"的天然橙色的色调，以产生一种与天然木材相对比的温暖感觉。主人浴室的特色在于冰色砾石组合的地面与玻璃锦砖的墙体。客人浴室灰色砾石与乳白色装饰相互平衡，而厨房地板则以砖色装饰，来反射金属板的天然铜色。在整个公寓中，有精心挑选的经典近代与现代家具，有从引人注目的现代绘画到文艺复兴时期与哥特时期的砖瓦和建筑碎片的各种艺术品，它们艺术性地结合在一起。整体的效果是一种高雅的和谐，它在色调上无疑是时尚的，但是极其丰富的造型与材料又赋予这个室内以永恒的特性。

◇ 主卧室的景观，床的侧面摆放着黑色皮革的椭圆形桌子与另一张用胡桃木制成的桌子。绘画叫做"心灵的景观"，作者克劳德·卡蓬内托（Claude Caponnetto），创作于 1990 年。在左侧可以看到胡桃木装饰的墙体，在这间卧室的一侧形成了一条直线

◇ 主人浴室，弧形的淋浴间，由抛光金属与半透明玻璃制成的橱柜，和一面镀铬的金属镜子相对应

◇ 在卧室一侧的墙面上，胡桃木条纹向下延伸，在这里墙体变成了一个壁柜，上面有外国传入的蜥蜴形把手。搁架上摆放的艺术品是从文艺复兴与哥特时期遗迹中得到的考古学碎片

◇ 这条木墙之间的走道从主浴室向后延伸至公寓的办公室。墙体的聚集产生了一种"透视的漏斗"的效果

◇ 走廊中不同造型与材料的交接证明了动态的相互作用为这所公寓注入了能量与动感——而且从木材与其他柔和有机的色调与底纹的混合中还体现出温暖的感觉

◇ 圆形淋浴间，旁边抽象造型的橱柜，抛光金属与半透明玻璃简单而丰富

◇ 远视点观看主要墙体，显示出它与公寓基本的直线形几何造型如何相互作用，并将其转变为一个无法预见的、更加具有流动性的空间

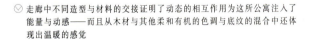

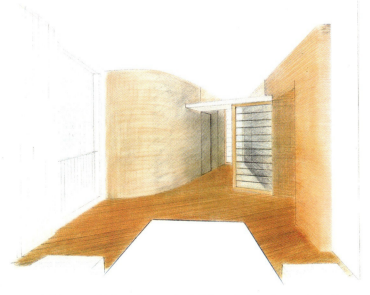

◇ 从主卧室床头观看的景象，显示出右侧直线形壁橱与左侧包围浴室的曲线墙体的汇集，在视觉上产生了"透视的漏斗"

盖斯（Ghaiss）公寓

卡鲁佐·兰卡蒂·里瓦建筑事务所
贝鲁特，黎巴嫩

◎连续的楼层平面展现了各个房间围绕着中心核与公共走廊布置，客厅布置在下方，它的右侧是餐厅，左侧是办公室，位于主人套房的下面。主人套房中包括男女主人的床、洗浴室以及更衣室，其两翼被位于左侧中心的涡流浴盆分隔。孩子们的房间在上面的区域，围绕顶部中心的半圆形体育运动室布置。右侧包括一间起居室、工作人员区以及与餐厅相邻的厨房。

曾经作为地中海最美丽的世界性城市而著名的贝鲁特在数十年的战争中为世人所知，因为它是似乎无休止的巴—以战争中的一个闪光点。现在在城市的一些地方，仍然可以看到遭轰炸后无家可归的景象，堆积成山的碎石、破损的街道与建筑正被新建与重建的建筑所取代。沿着城市的海岸线，有许多新的和旧的公寓塔楼，其中一些包括布局散乱的多房间公寓，有一直使用着的，也有最近建造和/或重新使用的。米兰设计公司卡鲁佐·兰卡蒂·里瓦（CRR）的建筑师莱蒂齐亚·卡鲁佐把这种场景描述为"公寓塔楼堆积在一起沿着海岸线嵌入基地当中，它们的特点是在配置上的多用性，既清晰又杂乱。"这几页所展示的假期公寓，由 CRR 为盖斯家设计，占据着这样一幢塔楼的一个楼层。"多用性"在这里意味着无论什么情况都有可能，卡鲁佐说："……为业主的要求与建筑师的意图保留了充分的自由度；事实上，除了核心楼梯和其他结构上的约束外，它在平面分区与形式特征上可能与极大的灵活性相适应。"

卡鲁佐将这个巨大的豪华公寓描述为"悬挂的别墅，它倾向于室外景观，但是向内又倾向于它的室内。"她说，这是通过"一个表现主义者的构成"，基于"对体量与空间的强调与变形，在多样化与通常是宝贵的材料之间的对话，以及产生不同寻常的不谐和的协调性的能力"，以达到"体现出业主所表达的丰富内容"的目的。它的倾斜，略微过度的理性主义，卡鲁佐的语言实际上抓住了这所公寓丰富的折衷主义的一些东西，它与明快的线条和别致的款式混合在一起，融合新

◇ 在入口处，经过抛光的钢质墙面随光影闪烁。黑色的花岗石地面从这里开始延伸至客厅与餐厅。黄色的入口门反映出贝鲁特前门的传统颜色

▽ 在早期绘图中展现的客厅。对分隔客厅与餐厅的墙体已经进行了设计，带有四个垂直的曲线形橱柜。左侧黄色的墙上开门通向入口。家具设备被证明有一些差别，但是基本的外观，包括黑色的花岗岩地面，已经布置妥当了

古典主义与超现实主义，显得放松而沉着。

考虑到这里所采用的不同寻常的折中主义手法，业主们进行初步的"预先准备"是非常重要的。通过逐步完成一套在构造之前的绘图，用它们展示公寓表现的一些细部，建筑师可以给予业主一种所期望的真实的感觉。尽管图纸与最后完成的建筑不完全相同，但是它们非常接近，足以使业主了解进展当中的情况，并愉快地看到达到了预期的目标。

这所公寓基本遵照一个连续的平面，其核心布置了楼梯与电梯，邻近这个交通核，设计师们安排了一个宽阔的入口门厅，以抛光钢材作为装饰，并通过一扇厚重的黄色大门进入（黄色是贝鲁特前门的传统颜色），它粗糙的装饰与门厅光滑的钢材形成鲜明的对比。在楼层平面图上可以明显地看出，入口门厅继续延伸形成一个循环走廊，它将交通核完全包围在其中，继而整个公寓也都围绕着门厅布局。这条循环走廊沿着道路改变形状，产生的角度与曲线增加了视觉上的兴趣，而且还有助于建筑师所寻求的"对体量与空间的强调与变形"的产生。在门厅和比较"公共"的房间中使用黑色花岗石地面，到了一些私密的空间则转变成了木质地板。

从门厅的主要开口通向客厅，这是公寓中最大的空间。在这里，一面容纳与塑造空间的分段墙体与对面的玻璃墙（面对着一对桌子）相对应。在一端，一面半透明的喷砂玻璃墙，上面锚固着一行四个曲线形木质储藏柜，将客厅与餐厅分隔开来。在另一端，客厅变窄，形成压缩的透视感；斜向布置的墙体以胡桃

木装饰，包围出一间小型的书房。

书房邻近主人套房，套房中有两个睡眠区，一个主要以白色皮革作为装饰，而另一个则选用胡桃木装饰。一个巨大的大理石涡流浴盆与休息空间将它们分隔开来，附近的盥洗室与洗浴设备也用大理石进行了豪华的装饰。公寓剩余的一系列房间包括书房、孩子们的卧房、游戏间以及浴室，所有这些房间都可以通过室内循环走廊到达。孩子们卧室的设计在思想上是各不相同的：最大女儿的房间特点是采用色调柔和的浅色喷漆以及手工装饰的墙面；大儿子的房间用乌木装饰，而小儿子的房间则使用了带有海洋主题的浓烈蓝色。孩子们也有他们自己的电影视听室，另外在核心区，用曲线形的玻璃墙环绕着一个小型运动室，里面带有一个蒸汽浴和一个涡流浴盆。

在孩子们的空间与厨房之间，是一个布置着沙发的起居室，特别用来唤起人们对20世纪50年代豪华轿车外观的回忆。厨房，一侧是工作人员区域，另一侧是餐厅，它采用白色喷漆与不锈钢，曲线形的表面柔化了材料的硬度；最富有戏剧性效果的曲线构成连接厨房与餐厅的走道。

家具的色调——的确是居住者所要的外观和式样——确定的主要目的是为了家庭使用的舒适；另外，卡鲁佐说还要做到"通过稀少的碎片、家具和传统被褥的插入，达到补偿乡土的历史与文化的作用。通过一种有力的视觉语言作为支持——从德国的表现主义到俄国构成主义与一般的现代前卫思潮——产生一种旨在获得高度激动的叙述。"几个阳台为人们观赏地中海景色提供了宽阔的视角。无论投向该地区的战争情况如何，这篇关于高雅奢侈的设计的短文都有希望保留下来。

△ 彩色绘图展现了大女儿卧室设计初期的视觉景观。最右侧的造型后来演变成了一个丰富的深色木质书架与储藏柜，室内的家具比这里图面上所绘制的更加节省与简单。但是在该图中本质的思想已经被展现出来了

△ 在私密性空间中，布置在中心的循环走道采用木质地板，从这里看到半透明的曲线形玻璃-镶板墙围合着孩子们的体育运动室

▽ 彩色绘图展现了位于核心一端的体育运动室。循环走道围绕在它四周，将周边的房间与中心核分隔开来。左侧的曲线形红色造型是圆柱形的一部分，通过这里转进另一边的电影视听房。围绕体育运动室的玻璃镶板在公寓建造时就进行了喷砂处理，从而为室内环境提供了更多的私密性

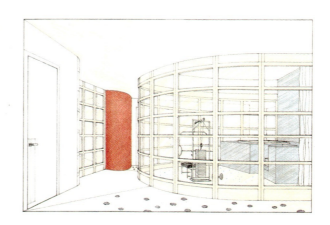

◇ 厨房通过不锈钢与白色喷漆与黑色地板的对比而闪光；坚硬的表面通过光滑的曲线边缘而得到柔化

◇ 主人套房中"她"的部分，预先设想的景象。图上很多特定的元素在实际的建筑空间中都被改变或取消了，然而保留下来的本质是相同的——折中主义对于传统丰富与现代简单性的平衡

◇ 电影视听室的早期设计图；建筑元素与主要的装饰设备都已经布置上去了，尽管在公寓建造时有特别的部分作了改变

◇ 主人套房中办公室的表现图，布置有现代的家具和丰富、暖色调的木质墙壁与装饰

特里贝卡（Tribeca）阁楼

摩根（L.A.Morgan）
纽约市

阁楼居住的最佳状态应该是在旧式工厂体量的开阔性以及与家庭生活相关联的私密、内部空间之间求得平衡。摩根为这个阁楼所做的设计就达到了这种平衡，给予他的业主的两个世界都是最完美的。

为有两个小孩和一条精力充沛的狗的年轻家庭建造，就像最真实的阁楼层一样，这所纽约市的阁楼开始于曼哈顿中心的旧工厂，位于特里贝卡附近的特雷斯奇克（tres chic）。（对那些不了解的人来说，特里贝卡缺乏三角地下运河，它北邻居家办公中心区（SoHo），东邻唐人街，南邻华尔街，位于它们三者的中间。这里转变成为住宅空间是最近的事情，这就意味着这个新的家庭代表了对3000平方英尺（270m²）阁楼的第一次后工业使用。在设计这所住宅时摩根宣称要创建"一种宁静素雅的空间，它是使用者友好的空间，同时满足适应性与现代风格。

他对于空间的改变完全没有引起现有楼层平面的结构变化。与之相反，所有的表面都经过了重新装饰：木质地板经过砂纸打磨并染成了乌木的深棕色，墙面被粉刷成浅浅的灰白色。根据摩根所说："设计就是在已经存在的公寓外壳中进行建设，产生一种新的设计层面，这里除了墙体之外全部都是开发者所创造的。"

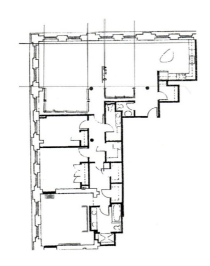

△ 楼层平面图展示了位于顶端的主要空间，比较浅色的线表示两道玻璃屏幕的位置，设计师通过它们将空间均分为三部分。这个51英尺（15.3m）长的空间包括右上方的开放式厨房、上部中央的餐厅以及左上方的客厅。下面的三个房间分别是两间卧室和一间办公室

▽ 这张图上包括配备有家具的厨房，还有位于图面左上方，客厅底部围合在大型U形玻璃屏幕当中的三个塔

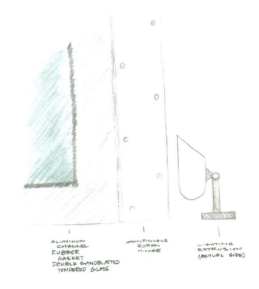

△ 该图展示了玻璃屏幕一个边角的细部，并标明了组成材料。旋子合叶提供了强度与柔韧性，在装饰上看起来也非常整洁；在右侧，该图展示了为这个项目特别设计定制的上打灯

▽ 该图展示了客厅邻近座位区的三个橡木储藏/搁置塔是如何浮在深深的U形玻璃屏幕的包围中。右侧一个边角的细部展示了定制的照明设备如何安装在已有墙体与玻璃屏幕底端之间，并为玻璃屏幕提供背光

○ "客厅"的两个视图，在这所住宅中阳光普照的西南角有一个座位区。墙面与地板进行了重新装饰；窗户的处理包括遮阳窗帘与亚麻卷帘。一个非洲阿桑特（Asante）凳增添了现代家具的异国情调。左侧的绘画是戴维·罗（David Row）的作品，被展示在一个专门设计定制的金属画架中，而没有悬挂在墙上

○ 三个橡木塔的景观，设计师将它们放置在深深的U形玻璃幕的环抱中。雕塑的塔中包含书籍、电子设备以及各式各样的物品，但是它们却以空白面朝向房间，以降低视觉上杂乱的感觉

那些阁楼居住的绘图看起来通常表现为完全开放的空间；纽约传统的居住阁楼除了对浴室进行围合外，常常再没有其他的门或墙了。随着住宅种类的发展并变得更加先进，业主们开始倾向于希望设计同时拥有开敞与封闭的空间，这个项目所采用的就是这样一种方法。主要空间51英尺（15.3m）长，面对南面和西面有九扇8英尺（2.4m）高的窗户。为了平衡这个空间不规则的宽度，摩根安装了一对专门设计定制的背光式U形玻璃幕。它们浮在浅色墙体的前面，并与之形成对比，这有助于界定入口大厅、餐厅，以及通向卧室与阅读区的走道的位置。通过玻璃幕与原有墙体的组织，这个大尺度的主要量体具有足够的空间来安排开放式厨房、餐厅与一间"客厅"或座位区。在这些开放性的体量与整体中，设计师选用了整洁、现代的家具或是古董，融入了现代清晰与简洁的优点。举例来说，在比较浅的那个玻璃幕的两臂之间，设计师布置了一个18世纪中国学者的橱柜，用榆木制成，它同时具有展示功能与使用功能。任何人听到18世纪的中国古董就会想到过分的精细与琐碎，但是这个巧妙精细的摆设却展示出了一种清晰明朗并富有功能性的设计。

由比较深的玻璃幕围合而成的空间中摆放着三个橡木制成的塔，被设计师设定具有储藏与展览之用。这三个塔没有开口的面面对客厅，它们所包含摆放物品与书籍的立方形只能从一侧使用。位于中间的塔放置立体声系统和一台电视，面对空间但是被隐藏起来，在不使用的时候隐藏在一块木板背后。这三个塔的设置既有它们实用主义的目的，又呈现出一种氛围与巨大的力量，极简抽象派艺术家的雕塑：设计师宁愿它们是"东方岛屿"的作品。

这个空间中有一些很具特色的光源，像是家具与设备的支座，事实上它贯穿在整个空间中，以降低对狗和/或小孩造成危险的可能性。在一对大型黑色扬声器的顶端，定制的鸟眼枫饰面的长方体外形灯具提供了丰富的环境光源。镀铬材质的阅读灯和一盏定制饰面的照明设备悬挂在餐桌上方，以提高照明质量并为房间增添具有吸引力的雕塑元素。阳光从南面与西面超大尺度的窗户照射进来，遮阳窗帘对光线起到调整作用，而亚麻卷帘则具有保持私密性的用途。

这里的定居者收藏了包括罗伯特·曼戈尔德（Robert Mangold）与肖恩·斯库利（Sean Scully）在内的著名现代艺术家的绘画；设计师为这些绘画定制了钢质画架，增加了外壳之内的层次感，同时也避免了墙面上的杂乱。在办公室，用一张原始的弗兰克·盖里（Frank Gehry）线条流畅的波纹纸板桌作为写字台。

在卧室，设计师在原有的砖墙上涂饰了多层高光泽度的涂料，以消除所有的孔洞和记号。窗户的处理有两个层次——遮阳窗帘与匹配的木质百叶——使窗户感觉有一定的深度，还有一对拱形的壁龛，这里原来是门的位置，现在包含一面有边框的长镜子和一张嵌入墙体悬挑的桦木桌子。一个桦木隔板，它的U形造型与客厅的玻璃幕相呼应，包围着一张床和一对19世纪中国陈列架作为晚间使用的床头柜，在冰冷的涂饰砖房中创造出一个温暖、具有庇护性的区域。

◁ 该图展示了安装在大型黑色扬声器顶端专门设计定制的枫木饰面的长方体外形灯具，将它们转化为简单的照明设备

◁ 位于开放式厨房与客厅之间餐厅的景观。简单而强健的陈设品以及一个小孩和一条大狗非常有意义。桌子上的摆设包括一个非洲祖鲁人的拐杖和一个古式的保龄球

▷ 19世纪中国学者的橱柜在邻近餐厅的背光式U形玻璃幕的环抱中散发出宁静。这个橱柜可以用作服务台；在这张图上展示了一个Ted Abramczyk的Koto木质胶合板灯具，一对18世纪中国碗架，还有一个非洲鼓

卧室包括一个 U 形桦木隔板，它在造型上接近于这所住宅主要空间中的玻璃幕，这个隔板将床包围在冰冷涂饰砖房中一个温暖私密的环境中。床头柜是 19 世纪中国旧式的家具。一个桦木架从墙面斜伸出来提供表面供改变陈设品之用。绘画的作者是埃林·帕里什（Erin Parish）

格林斯坦（Grinstein）住宅浴室改造

GGLO 建筑事务所
西雅图，华盛顿

△ 建造之前的表现图，用水彩颜料描绘了浴室四面墙壁的正视形象，具有完整的设备、家具和装饰，用以使业主了解竣工之后房间的感觉。最终的作品与这几幅表现图非常地相似

尽管在尺度上很小，这个西雅图私人家庭中 200 平方英尺（18m²）主人浴室的改造提出了一些有吸引力的广阔的设计理念，它将一个缺乏魅力的空间转变成了一个受欢迎的温泉。这个城市里的家庭属于一个通讯公司的总裁和首席执行官。尽管这所住宅是坐落在华盛顿湖岸的一座阳光普照的当代珍宝，但是原来的主人浴室只是包含一系列邻近狭窄黑暗走廊的小空间，GGLO 公司的主管卡罗尔·迪尔·谢弗（Carol Deal Schaefer）说"这严重危害到它的使用功能"。

设计师们追寻浴室设计的新概念，将拥挤的小黑屋变成了一个宽敞舒适的体量，这是受古代温泉浴的启发，然后按比例缩减尺度将其划分为两个区域，中间用半透明的浇铸玻璃板分隔。这些玻璃板提供了一定程度的私密性，同时又能保持开放空间的感觉。这两个"分区"包括一个干燥区和一个潮湿区。干燥区，约占整个空间的三分之二，包含水槽、梳妆台和橱柜；比较小的潮湿区包含淋浴器和卫生间。

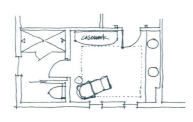
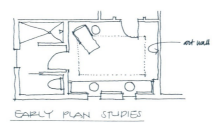

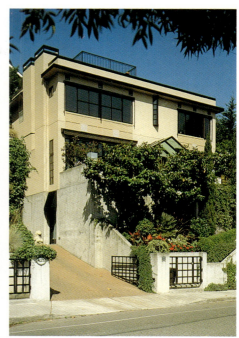

◇ 建筑师增加了一个室外旋转楼梯以连接浴室与新的屋顶平台。这座现代住宅东方拥有从西雅图横跨华盛顿湖的特色景观

◇ 在绘制水彩正视图之前，设计师们绘制了四面墙壁的概念性立面图

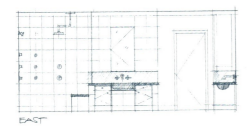

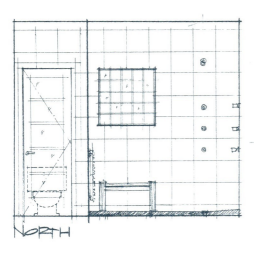
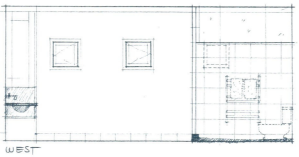

◎ 对200平方英尺（18㎡）浴室的改造，将从前一系列小黑房间扩展成一个大空间，之后又将其划分为两个区域——"潮湿区"与"干燥区"。比较大的"干燥区"包含主要梳妆台与侧面的橱柜，所有的设备都是专门设计并用樱桃木定制的。橱柜的面板与地板是用石板制成的，地下具有热辐射设备。定做的设备提高了从顶棚正方形天窗照射进来的光线的质量。这个梳妆台的水槽是用不锈钢制成的

◎ 南面墙上的洗脸盆也布置在干燥区，它用铸造玻璃制成，放置在一个钢脚石材面板的桌子上，其简洁造型与西面墙上丰富的材料与造型形成对比。右侧的玻璃墙在划分干湿区域的同时又允许一定的可见度，这增加了空间宽敞的感觉

◎ 西面墙上铸造玻璃脸盆与给排水工程的构造详图

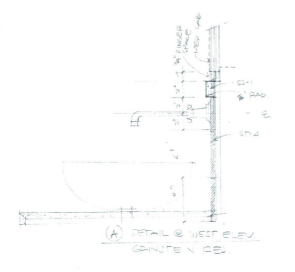

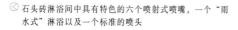
◇ 石头砖淋浴间中具有特色的六个喷射式喷嘴，一个"雨水式"淋浴以及一个标准的喷头

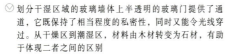
◇ 划分干湿区域的玻璃墙体上半透明的玻璃门提供了通道，它既保持了相当程度的私密性，同时又能令光线穿过。从干燥区到潮湿区，材料由木材转变为石材，有助于体现二者之间的区别

　　设计师们尽可能选择天然的非人造材料，以唤起对远古浴室的感觉。照明来自于天窗，药柜侧面不锈钢与玻璃的壁式烛台又起到了强化的作用。专门设计定制的，贯穿建筑层高的橱柜与配套的梳妆台是用樱桃木制成的。水源直接出现在石头砖墙上；洗脸盆由不锈钢与铸造玻璃制成，与玻璃分隔相匹配。石质柜台面板与热辐射的石质地板进一步增添了自然的元素。为了最终实现与自然的联系，新增加了一个旋转楼梯以连接浴室和屋顶平台，提供了横跨华盛顿湖的壮观景色。

　　在潮湿区，重点不仅在于私密性，还在于个人护理用品的豪华；除了热辐射石板地与加热毛巾架，淋浴间本身就包括六个喷嘴，一个"雨水式"淋浴器和一个主要淋浴。豪华奢侈然而在功能上具有高效率，这个空间体现出设计师谢弗的术语"温泉式的豪华与实际日常使用的共存。"

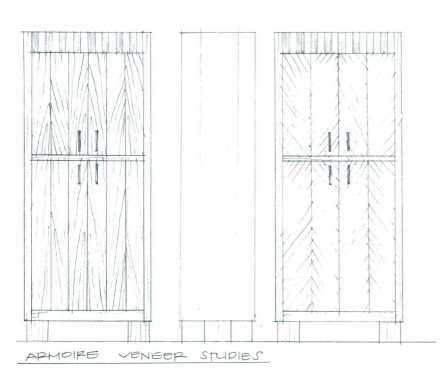

◇ 定做大型衣橱的表现图，表现出不同的饰面选择

兰迪·布朗（Randy Brown）工作室与住宅

兰迪·布朗建筑事务所
俄马哈，内布拉斯加州

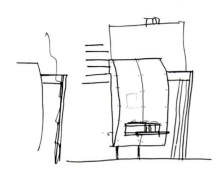

△ 早期的形式，曲线形电镀金属容器的墙体和其他一些组成部分布置产生入口区

▽ 曲线形，电镀金属板的墙体部分围合了餐厅/会议室；桌子穿透墙体，增加了空间的表现力。工作室位于左侧，通过一面弧形的搁架墙体与会议室分离

坐落在俄马哈最繁忙的街道之一，在从前作为儿童看护中心的大约建于20世纪70年代的建筑中，兰迪·布朗新的住宅与办公室为建筑师提供了在一个单一的正在进行的项目中，对他工作哲学的不同方面进行探索与证明的机会。在本质上，这个40英尺×40英尺（12m×12m）的工作室住宅作为实验室与工厂，在这里兰迪·布朗与他的职员可以在为绿色建筑的益处欢呼的同时，对设计与构造技术进行论证。将新的办公室设立在原有建筑中，这着重说明了公司对于循环再利用的承诺——这一承诺是通过再利用建筑自身，以及对节省材料的说明实现的，其范围从木材与照明设施到螺母、螺栓与支架。通过将住宅与办公室/工作室布置在同一个室内环境中，布朗为他预期的业主提供了第一手的资料，了解生活与工作在一个空间所带来的愉悦和问题。各种元素都布置在一个开放的、两个楼层高的体量中，这样的布置使布朗挑战性的建筑方法针对业主产生了具有说服力的震撼，他是这样表述的"雕塑空间以获得连续性。"他们没有选择分隔空间，"所以整个体量是一个大型的、开放的、动态的室内空间。"通过将框架、管道作业与管线都暴露在外面，这所建筑还可以作为一个教学工具，在这里业主们能够看到在一个建筑设计中"隐藏"的部分。

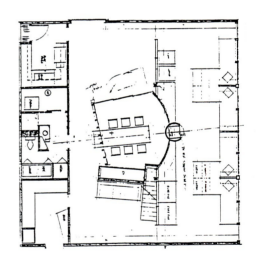

△ 图示说明了位于中心独立布置的书架、橱柜与木柱结构的发展，它围合了餐厅/会议室，并对阁楼的卧室起到支持作用

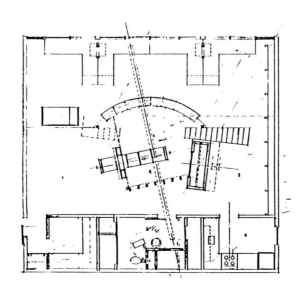

◇ 左侧弧形的搁架墙体分隔了设计工作室与餐厅/会议室。沐浴在从南向窗户照射进来的自然光线中,工作室中摆放的桌子是在现场设计制作的

◇ 分解的绘图展示了"部分的装配",它构成了中心容器与阁楼卧室。布朗解释说这个项目是以直线形式样发展的,因此每一个部分都会影响到下一个部分的造型与尺寸

兰迪·布朗建筑师事务所有8个人工作,包括布朗(他拥有室内设计与建筑学双学位),他的妻子,还有6个职员,包括建筑师与室内设计师。按照布朗的安排,每个项目都由两个或三个员工合作。在设计发展阶段,他们使用常见的工具:画板、计算机、未加工的材料、三维模型——但是布朗有他独特的方法,因为他是一个现成的设计-建造者,经常会接触到新的与再利用的材料以及构造技术。办公室里的锯条并不仅仅是用来展示的。

在这个项目中,布朗和他的妻子分担领导角色,原因是明显的:他们会从设计中得到最多的好处或坏处,因为是他们在那里生活与工作,这并不仅仅是为他们自己建造一个家和为公司建造一个办公室,它还是他们事业的推进工具。在这个项目的进行过程中,布朗夫妇忽视了绝大多数建筑师给予他们业主的两条有价值的建议:在改建工作还在进行的时候不要住进去,不要亲自做这项工作。相反,他们搬了进去,进行野营,并开始设计与建造。明智的是,他们是以淋浴间开始的。

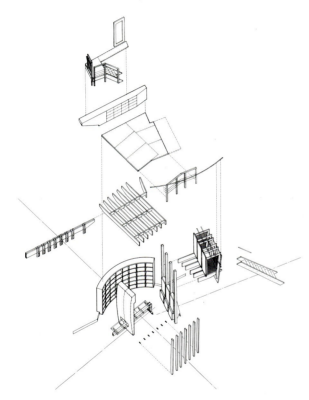

◇ 建筑的两个模型,一个揭开了外墙,揭示出室内"容器"是如何与存在的盒子相适
◇ 应的

◇ 木支柱与木质墙体有助于界定中心容器,在它上面有一个具有开放"顶棚"的动态结构作为阁楼卧室的地板。注意位于餐厅/会议室相对一端的搁置架建造在电镀金属墙的内部

◇ 通向阁楼卧室的楼梯景观。上面的壁橱与下面协助包含餐厅/会议室的木质墙体产生相互匹配的关系

◇ 楼层平面图展示了在 40 英尺 × 40 英尺（12m × 12m）的盒子里中心容器的位置,其中包括工作区、厨房、浴室以及沿外围布置的储藏室

这个项目为布朗提供了一个机会去探索他所说的"设计作为一个线形的过程。"在放进了淋浴间之后,他们制作了桌子,然后是书架以形成分隔。接下来是厨房,以后是阁楼卧室的平台。"我们头脑中有整个计划,"他说,"它的尺寸与造型影响下一步的设计。通常我们的设计是整体的,但在这里不是。我们进行实际比例的作业,运用我们自己的双手和工具。这是一个令人难以置信的教学过程。"

改造以彻底拆卸现存结构为开端,一个 20 世纪 70 年代被动式太阳盒子由繁忙的街道退后了 175 英尺（53.5m）,具有南向的大窗户和单一的沥青屋顶。尽管需要专业维修,这所建筑还是表现出了直接开放的楼层平面的优点,巨大的室内空间可以作为设计实践的平台,以及为附加与景观服务的大型区域。布朗用引人注目的白色灰泥粉刷与新的低 E 玻璃重新装饰了外墙;室内,在裸露墙体上白色的涂刷增加了室内空间的亮度,并与建筑的对象及家具形成对比。现在一个伸展的雨篷标志着入口,它提示了室内建筑优美的激进主义。

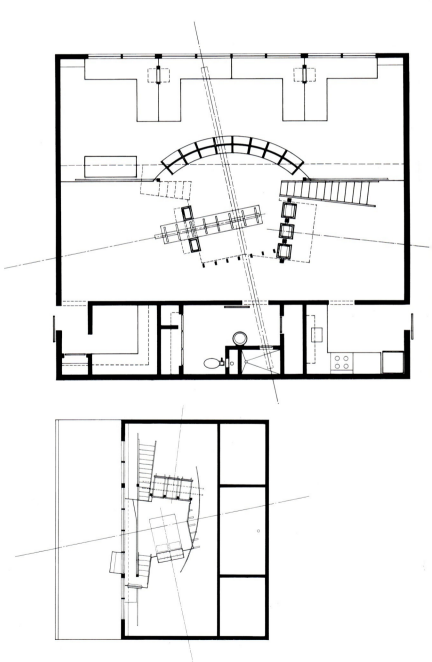

◇ 上层阁楼卧室的平面

功能性的室内居住/工作组成,包括浴室、厨房、工作站以及环绕在中心体量周围的储藏空间,这是一个超大尺度的,不同形式元素丛生的惊人高雅的"体量"。这个大型的家具——布朗称之为"容器"——是一个独立布置的结构,包括书架、橱柜、成角度的木柱,它部分地围合了餐厅/会议室,并支撑着上层的阁楼卧室。布朗看到生活区与工作区之间不需要分隔,这个使用一个螺钉旋具和一对扳手就可以拆卸、移动或扩展的设施成为了这个项目基本的核心,一个多层次的建筑平台,用来探索雕塑空间以及综合生活与工作功能的不同方法。这些探索通过餐厅/会议室的桌子得以例证,这是一张由未加工木材、玻璃、金属冲塞与铸件制成的有趣的装配式家具。在一端,桌子的平面穿透并连接弧形电镀金属板,同时围合餐厅/会议空间,协助支撑阁楼卧室,并作为入口区的一个焦点。弧形的电镀金属墙没有与地面接触,形成布朗所说的"推拉空间",根据他雕塑的方法,激发起惊人的兴趣,功能的形式鼓舞了室内空间。

尽管照片、模型与绘图抓住了产生永恒感觉的瞬间,令人愉快的是布朗的住宅和办公室还未完工,它的进展是永久的,提供了对设计过程永无止境的探索。

△ 阁楼卧室通过这一短梯与天窗和屋顶窄小通道相连

▽ 桌脚细部

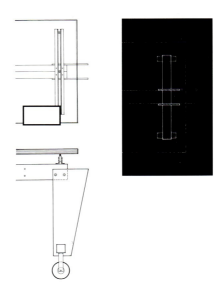

塞西尔·威廉·格利德（The Cecil William Glide）社区住宅

迈克尔·威利斯（Michael Willis）建筑师事务所
旧金山，加利福尼亚州

△ 通过在每个房间都设置凸窗，设计师们增加了表面开口的数量，同时获得了更加充足的光线

"面对被剥夺财产和一个紧张的预算时，你如何表达安慰、乐观主义与自信的情感？"在设计这个人口密集的6000平方英尺（540m²）的城市基地上，包含52个单元的过度期建筑时，迈克尔·威利斯建筑师事务所遇到了存在问题所暗含的挑战。这个项目的业主是一个城市内部教堂的会众，拥有与他们教堂相连接的这片基地。除了需要52个单元——工作室，还要有包含一个、两个和三个床位的房间——这个建筑还必须安置管理与社会服务办公室，幼儿看护区，以及室内和室外的集会场所。项目的预算是 $ 100 000 000。

设计小组所做出的回应是一幢九层的建筑，拥有50627平方英尺（4703.5m²）的建筑面积。中间升起的高度是对城市场所的补充；立面与邻近建筑的尺度相匹配，而竖直的凸窗是对附近古老建筑的回应。

一个玻璃与石灰石的大厅无论对参观者还是这里

△ 材料是低造价的，设计是节省的，然而房间是舒适而宽敞的

△ 首层幼儿日间看护中心就布置在庭院一旁

▽ 蚀刻玻璃风窗为屋顶平台挡风。桌子为这里的居住者们提供了明亮，阳光普照的场所

的居住者都表达出一种欢迎的氛围。由于认识到建造舒适的社会场所的重要性，设计师们设置了很多非正式空间与有组织的集会空间，这样居住者们就能够体会到社区的感觉与社会的重整作用。首层，除了大厅，他们还布置了室外场地，带有独立厨房的多功能用房，还有一个幼儿看护中心。在屋顶，有遮蔽的桌子为人们提供了扫视全景的机会。地下室包括入口房间、会议室和社会服务办公室。工作室与公寓房间都设计有大尺度的凸窗以提高日照质量，并扩展空间的感觉。

由于装饰细部的预算非常有限，设计师们找到当

△ 与当地的一位艺术家合作，在首层庭院中石灰石喷水池上铭刻了这里的会众所喜爱的赞美诗"回家"

地的艺术家们合作，在公共区域布置了一些艺术品，例如屋顶平台的蚀刻玻璃风窗，还有下层庭院里的石灰石喷水池，上面雕刻了会众喜爱的赞美诗。最富有戏剧性的元素在最高处：一个俯冲的铜质挑檐悬挑在屋顶桌子的上方，它的造型是根据非洲靠头物与工具绘制下来的。醒目的艺术品将这个项目提升到一个更高的领域，加强了这个建筑作为一个精神性场所的感觉，建筑师是这样描述这样一个场所的，"在这里所有的人都会无条件地接受，于是对人们的治愈作用发生了。"

▷ 在设计过程初期的草图，展示了描绘屋顶造型的粗糙曲线的不同式样。另外，草图中还将建筑放置在了教堂和邻近中间抬高的建筑之间

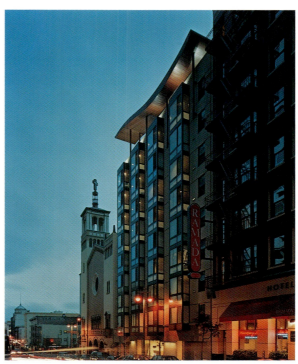

◇ 建筑立面的室外景观，展示了该建筑在比例与竖直窗户的开启方式上是如何与周围建筑相关联的。曲线形的铜质屋顶造型，受非洲靠头物与工具的启发，指向邻近的教堂

纽约 W 饭店

罗克韦尔（Rockwell）小组与赫尔彭（Helpern）建筑师事务所
纽约市，纽约州

△ W 饭店的调色板的样板展示了材料、颜色和质感基于四种要素：这里所展示的是土壤、水和火

罗克韦尔小组不可思议地在一个曼哈顿饭店古老破旧的遗迹中兴建 W 饭店，一个城市中的绿洲，它的创作灵感来源于所有的事物，位于第 50 大街与莱克星顿（Lexington）大街的包围中，是一个天然的世界。在 W 饭店，设计师们发现了实际存在的健康的景象："生命的要素——风、水、土壤和火——定义了整个建筑中使用的真实图像、材料、颜色和质感，"戴维·罗克韦尔（David Rockwell）说。从这个理念出发，扎根于这些经典的限定元素的概念，发展成为一个综合的调色板，一个以四种材料和颜色为基础的叙述，它们相互区别，但是又因它们都建立在天然世界中这一优点而彼此关联。

罗克韦尔设计小组，由资深联合主管埃德蒙·贝克斯（Edmund Bakas）和室内设计主任艾丽斯·尤（Alice Yiu）领导，宣布要将这座 1928 年的建筑转变成为"旅馆设计的一个新概念——位于这座城市心脏的一个健康中心。"假如有一些有机成分，对千年庆典的曼哈顿来说，这听起来是有趣的。然而，伴随着有机，倘若没有酷、时尚和嬉闹，W 饭店就没有任何意义——这是一个追赶潮流的城市中充满时尚的场所，任何一个街区都林立着大型的饭店。罗克韦尔小组获得主题或理念的才能很容易被回报以肤浅，或是被陈词滥调所击败，相反他们建造的是一座有根据、有意义，同时又漂亮别致的建筑，给人持续的印象。他们是如何做的呢？——无论设计的基础概念或主题是什么，罗克韦尔的设计师们都对其进行严肃的探索，在时间与金钱允许的基础上尽量深入。这样心甘情愿地探索得到的结果是产生了与价值和意义发生共鸣的设计。

△ 门厅休息室的彩色透视图举例说明了产生于建造之前的空间概念。陶瓷锦砖铺设的窗间墙，高高的顶棚和淡雅的色调营造出一种活泼、宽敞的氛围

▽ 曼哈顿市中心改造的建筑绘图，它始建于 1928 年，后来在楼顶上又增加了新的楼层，还有一个醒目的向上扬起的玻璃雨篷，覆盖在街道的人行道上

W饭店新建的钢材与喷砂玻璃雨篷,在周围饭店已经饱和的情况下,赋予该建筑强烈的街景表现力

用砖瓦覆盖的柱子与玻璃锦砖墙体为这所饭店的公共空间增添了色彩与刺激的感觉

为保持W饭店的"健康"主题,在首层门厅一旁的设施包括一个健康果汁与小吃吧

门厅的景观展示了舒适、自然装饰的座椅,"树木残干"的比赛桌,左侧织物窗帘,以及最右侧嵌入树叶的玻璃马赛克墙。两个层高的顶棚使这个空间表现出庄严、明亮与宽敞的感觉

在用这种由灵感引发的色调进行室内装饰之前,设计小组对现有的结构进行了主要的建筑改造,寻求重新组织,扩展公共空间,增加客房的数量,同时戏剧性地表现饭店的街道景观。设计师们从拆卸前面部分二层的砖楼板开始,将休息厅的高度扩展至两个层高;这个改动也暴露出了可以鸟瞰街景的拱形窗户。在楼顶又增加了两个楼层,将房间的数量提升到725个(包括50套)。在街道层新设置了雨篷,它由七块钢化玻璃制成,靠不锈钢梁柱支撑,悬挑在人行道上方,为等候出租车的人们提供庇护。它的设置还使建筑入口具有了引人注目的视觉属性,从而将W饭店与这一街区其他饭店区分开来。

公共空间占据较低的楼层,通过造型、质感和颜色唤起对自然的感觉,同时又没有忽略舒适与高尚的风格。街道层包括威士忌布鲁斯音乐吧,冰饮座(同时对街道与门厅开放)和绿洲酒吧。门厅休息室提供了活泼而阳光充沛的空间,顶棚高22英尺(6.6m),巨大的体量,还有玻璃锦砖铺设的"森林主题墙"。木构件的细部具有风格感——同时还很幽默:"树木的残干"表面刻有西洋双陆棋与国际象棋的棋盘,落地灯的灯杆分裂成很多分枝,墙壁和玻璃采用抽象拼贴画装饰,上面有树叶、植物、蔬菜、种子荚果以及其他一些有机物质。柱子用带有自然图像的织物装饰,而玻璃则采用多种颜色、质感与装饰。选用的材料包括科砦(kota)石材地板、片岩柜台、经捶击的石灰石、生有绿锈的青铜、火山灰、橡木以及其他一些装饰与结构,全部都融入到一个有机而真实的整体中。其效果是平静而又令人愉悦的,也许可以这样期盼这个环境,在这里只要对饭店作一瞥,就会因玻璃幕墙上跌落下来的瀑布而心跳。其他的公共场所包括二层具有两个层高的舞厅,五层拥有艺术级视听系统的会议室,以及四层宽敞的温泉浴。这个高雅的"自然"的形式经过改进与重新布置,以服务于人们对美学愉悦性的需求。

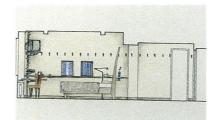  

客房与套房包括从280平方英尺（25.2m²）的单人间，分类为标准间或签字间，上至700平方英尺（63m²）的套间。签字间突出的优点在于将床布置在房间的中央。床的特色在于生有绿锈的黄铜床头板，其创作灵感来源于花园的格架；每一个房间的入口上面都装饰有椭圆形的挖剪图画，从这里可以直接看到城市景观。其他独特的客房宜人之处包括窗格上可以食用的麦草，以及优质的细棉布床单，上面装饰有用绢布制版印刷的乐观方式的格言，从"自信地前进"到"与天使同眠"。

W饭店——进入了美国很多个城市——为斯塔伍德（Starwood）所拥有，它的高阶主管贝里·斯特恩利希特（Berry Sternlicht）与他的妻子铸造了这个名字，代表温暖（warm）、诙谐（witty）、精彩（wonderful）与欢迎（welcoming）。纽约W饭店具有所有这些品质甚至更多，这大部分要感谢罗克韦尔小组为之所做的工作。

◇ 客房的细部绘图，表现了设计师们是如何预先对房间进行仔细规划与慎重考虑的。每一个单独的元素都经过了想像并进行了图纸与文字上的描述

◇ 客房照片，将床从靠墙的位置移开，摆放到房间的中央，通过生锈的黄铜床头板，一个椭圆形的挖剪图画可以让人们看到室外的景观。用模板印刷的树叶和其他有机造型加强了与自然的联系。这个房间遵照了设计中的每一个细节

◇ 客房的套间的景观，以及门厅有机、自然的色彩与造型所表现出的温暖感觉，与曼哈顿城市中心繁忙的街道全景展望形成对比

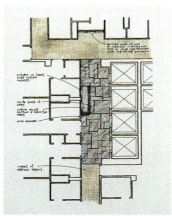

◁ 该图展示了为抬高门厅与相邻的公共走廊而进行的地板设计

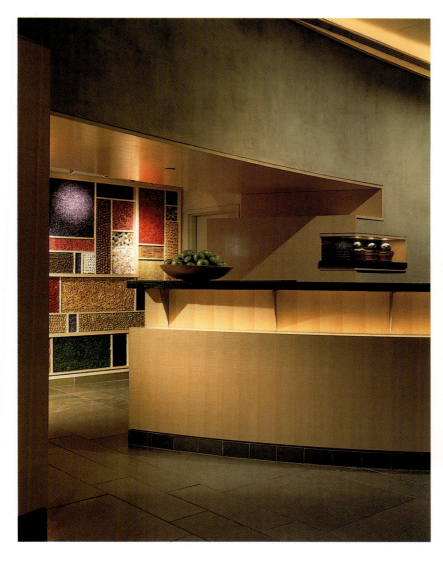

△ 从夹层空间俯视明亮、高顶棚的门厅的景像。以真实自然的色彩装饰，布置舒适的座椅，与树木残干制成的西洋双陆棋与国际象棋棋盘一类的独特作品相对应

◁ 接待台的景观，位于"花园主题墙"的终端，具有特色的由种子、荚果、树叶、草，以及其他有机材料构成的抽象拼贴画

△ 自然的装饰与荚果植物增添了门厅层休息室的"有机"感。窗户上的玻璃挖剪图画在不规则的位置，其中镶嵌具有特色的树叶，是又一种"自然"感

埃德蒙·米尼（The Edmond Meany）饭店

NBBJ 建筑事务所
西雅图，华盛顿

△ 坐落在西雅图的大学区的埃德蒙·米尼饭店首次开放是在1931年；近期的改造包括对艺术装饰主题的修复与复制，在新千年对20世纪30年代的风格提出一种全新的解释

▽ 展示塔楼外观的透视图与一个南立面图表达了建筑师的意向，在改造过程中得以实现。外观立面图揭示出艺术装饰的细部处理

当米尼饭店在1931年开放时，它就成为了全国文明的划时代的事件，它的著名在于它创新的混凝土板结构——还有其活泼的风格，使得它在1938年全国建筑艺术装饰设计展览会上占有一席之地。然而60年的光阴带走了它们的魅力，到20世纪90年代中期，这个拥有159间客房的18层塔楼——在数十年间曾是西雅图北部最高的建筑——遭受到了艰难的时刻，成为多次缺乏敏感性的改造与其他无礼侮辱的受害者。因此，当NBBJ设计小组为斯塔伍德寄宿公司实施该项目时，设计师雷西亚·苏切卡（Rysia Suchecka）说："这不是重建而是改造——努力在新的形式下重新获得建筑的艺术装饰精神。"

这个项目以调查研究开始，设计师们花费很多时间来默想旧报纸与杂志上关于饭店的文章。他们还到处闲逛，在下面，穿过墙壁、地毯、地板和顶棚，来寻找原始的装饰——寻找这个饭店的"骨架"，苏切卡是这样说的。在公共空间，他们发现了埋藏于墙后的原始的柱子，一个隐藏在低矮、黑暗的吊顶板后的20英尺（6m）高的顶棚，还有一个漂亮的水磨石地板，上面的图案和他们设计代替暗淡的地毯与覆盖原始结构的地板层惊人地相似。就像苏切卡所说的："设计过程就是对在毁坏与建造过程中各种惊人发现

◁ 在寻找原始水磨石地板之前的绘图,这个铺有地板的门厅景象被证明与原始的景象相当相似

▷ 设计师们掀开地毯与地板层,来寻找(并且修复)原始的水磨石地板。他们还移开了一块低矮的吊顶板,显露出20英尺(6m)高的原始门厅顶棚,并通过拆除墙体展现出雄伟的柱子,它们被从前的改造工程所掩盖了。新的家具和照明设备唤起人们对艺术装饰时代的回忆,但是看起来完全是现代的

的回应。随着物质的建筑自身开始显露出来,设计小组只是去探索有多少情况被数次的改造所掩盖。我们发现了可以使用的材料,并且做了一些必要的改变。"他们还发现了对新设计具有启发作用的细部,针对顾客,一个对原始风格的现代解释仍然存在,"一种身处某个地方的感觉,而不是在任何地方的感觉,"苏切卡是这样说的。

在公共区域,设计师们修复了原始的水磨石地板,并重新创作了原始的门厅平面。对现有的主题和材料进行刷新,并在任何可能的地方再生利用;新元素的设计与原有要素相融合。新的特色包括定制的灯头、两个楼层高的镜子、金属作品以及新的家具,所有这些共同营造出雄伟壮观的门厅,这里同时也可以作为竞赛空间或鸡尾酒会休息室。设计师们在门厅层增加了一个新的咖啡馆,在这里混合了从古老饭店到现代元素的多种艺术装饰,成为饭店的客人以及附近大学生的一个目的地——用苏切卡的话说,这里有一种"年轻人清新的精神"。金属屏幕唤起对原始细部的回忆,而混凝土吧台台面以及前面穿孔的黄铜杆则使材料产生比较现代的感觉。设计师们还建造了一个新的二层餐厅、一个舞厅、几间会议室、一个商务中心和一间练习室。

▷ 门厅层平面图。入口与门厅从右侧一直横穿至中央,铺着曲折形状的深色水磨石地板。登记处就在入口的正下方,新建咖啡馆与早餐室在底部,会议室在顶部,舞厅位于左侧

△ 二层餐厅平面与色彩草图

△ 现在门厅中有一个新建的咖啡馆，成为饭店客人与附近大学生的一个目的地。金属作品的创作是受饭店原来艺术装饰风格的启发，而混凝土柜台台面和其他一些元素则增添了活泼、现代的界限。内部的设备，类似于雪茄柜，同样也展示了20世纪30年代风格与现代才能的有趣综合

△ 新建咖啡馆的早期式样。事实上，完成之后的作品风格在一定程度上更加活跃与富有动感

◇ 从四层到九层的客房标准层平面图，客房布置在电梯与服务中心的四周。该建筑"玉米穗轴上的玉米"造型使每一个房间都拥有一个角窗

◇ 这些客房与专门设计定制的灯具细部绘图实在毁坏与建造之前完成的。与完工后照片的对照显示了设计师们成功地坚持了他们对于这个项目最初的设计

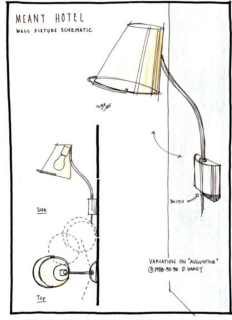

△ 为商务旅行设计，新的客房拥有特色的大型办公桌，还有从每个房间都能看到的角窗。中性的色调作为整个视图以及休息椅上丰富的红色针织品与樱桃木家具的背景。所有的家具及照明设备都是为这座饭店专门设计定制的

客房部分是完全重新建造的，着眼于在外停留的专业人员的舒适感。舒适包括宽敞的办公桌以及传真机与计算机的线路。每个房间都有一个角窗，采用中性色调的框架提高质量。定制的家具、灯具和针织品是以现代的解释对该饭店遗产的一种颂扬，丰富的樱桃木、发光的木炭薄片、红色的休息椅套与相对中性的背景色调形成对比。艺术作品，是从附近华盛顿大学的库存中挑选而来的，是对附近20世纪30年代大学的颂扬，这同时也是该饭店兴建的时期。米尼饭店掌握住了它过去最大的优势，优雅地综合成为一座迷人的现代化饭店。

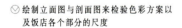

▽ 绘制立面图与剖面图来检验色彩方案以及饭店各个部分的尺度

切尔西（Chelsea）千年饭店

建筑设计：菲利普·斯塔克（Philippe Starck）；室内建筑与设计：迪莱奥纳尔多（DiLeonardo）国际公司
伦敦，英国

△ 新的门厅空间的早期草图，已经起草了一些新的元素包括左侧的镜子、右侧的接待台以及前景的地毯

在这个坐落于高档时尚的斯隆（Sloane）大街，在伦敦景观中被视觉为最热门新饭店之一的著名饭店中，通过协作的努力创造出了一个明快而别致的接待空间。迪莱奥纳尔多的设计师们延续了这座饭店的两个入口，各带有一个雨篷，同时还彻底改造与刷新了门厅和接待区、咖啡馆以及首层其他的公共空间，包括菲利普·斯塔克设计的楼梯，其活跃的造型成为这座饭店引人注目的象征性符号。

迪莱奥纳尔多的室内设计工作力图设计并强调钢材的表面与斯塔克楼梯，它就位于饭店三层高门廊的一个玻璃穹顶的正下方。活跃、艳丽的楼梯取代了从前作为集会焦点的游泳池，很少有人真正在这里游泳。金色长毛绒墙壁针织品，加上相匹配的来自拉尔夫劳伦（Ralph Lauren）的金色涂饰，在三块超大尺度贯穿顶棚与地板的镶金框镜子里闪烁着微光。黑色花岗石地面与接待台，上面有些细小的金色斑纹，在白天的自然光线以及夜晚专门设计定制的宝石一样壁灯照耀下闪烁，与紫红色调的家具形成温和的反差。古老式样的勒内·格劳（Rene Grau）餐具显示出这座饭店最初的位置是在有名的大批时尚商店的中央。一块专门设计定制的椭圆形地毯又增添了另一种醒目的感觉。

△▷ 由迪莱奥纳尔多国际公司与菲利普·斯塔克进行改造与刷新的门厅及接待台景观。地板与接待台有带有金色斑纹的黑色花岗石制成。楼梯由斯塔克设计，代替了一个游泳池。三块镶金框的镜子反射着拉尔夫·劳伦的金色涂饰，为明快生动的室内空间营造了一种丰富与温暖的色调。布置着大型扶手椅，埃斯普雷索酒吧与耳廊休息厅组合成为接待门厅。定制的椭圆形地毯增添了又一种生动而富有动态的感觉

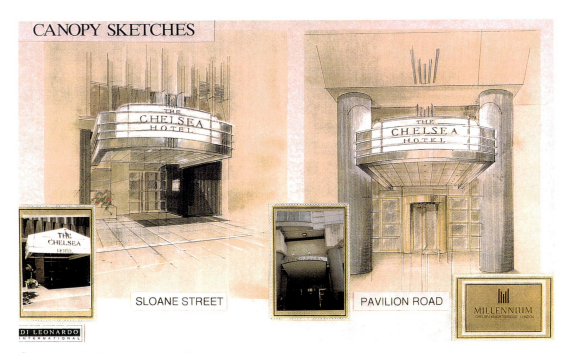

◇ 在斯隆大街帕维利恩（Pavilion）路，迪莱奥纳尔多为饭店两个入口设计的新雨篷的渲染图。在小图中可以看到以前的雨篷

◇ 新雨篷与入口的早期草图

◇ 比较详细的雨篷及入口草图，并标注有材料及尺寸

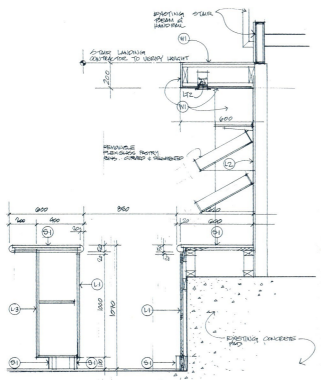

埃斯普雷索（Espresso）酒吧与耳廊休息厅布置着大型的扶手椅，结合成为一个开放的门厅与接待区，不仅供应咖啡和茶，还全天候提供餐饮服务。位于首层的切尔西餐厅的简洁与温暖、深色调装饰的门厅及接待区形成反差，而相邻的切尔西酒吧则以温暖的木地板以及具有鲜艳色彩的艺术品及家具与餐厅形成对比。

斯塔克与迪莱奥纳尔多在巨大的伦敦心脏位置创造出了一个令人震惊的、时尚新颖的作品。

△ 埃斯普雷索酒吧的剖面详图

▷ 埃斯普雷索酒吧的渲染图，吧台位于楼梯的下方

阿瓦隆（Avalon）饭店

改造设计：科宁·艾森伯格（Koning Eizenberg）建筑事务所；室内设计：凯利·沃斯特勒（Kelly Wearstler）
贝弗利（Beverly）山，加利福尼亚

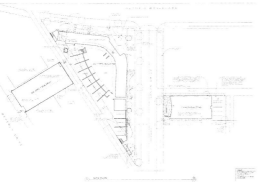

平面图展示了三座建筑的关系，同时也说明了如何运用景观使彼此独立的建筑结合在一起

对我们大多数人来说，短语"50年代的现代"呈现于脑海的是一幅原型的设计景象，其中包括肾脏形状的水池与咖啡桌，水的蓝色与绿色植物，长长的低吊椅和轿车，拉特·帕克（Rat Pack）的姿态与洛杉矶的灯具。在20世纪60和70年代晚期，这种景象一度消失了；但是近期它又重新出现，并受到极度的欢迎，因为"50年代的现代"具有不可否认的十年一次的流行风。

第一眼看到洛杉矶的阿瓦隆饭店，即从前的贝弗利·卡尔顿（Beverly Carlton），有些人可能会以为是20世纪50年代别致式样的再次出现，它太过时尚，以至于其壮观的重新开放不能实现。近距离的观察揭示出这座饭店的设计师们——科宁·艾森伯格办公室的建筑师们与室内设计师凯利·沃斯特勒合作——建造了，或者说重新建造了一个现代的经典，将50年代最优秀的部分与2000年左右漂亮的功能性建筑巧妙地结合在一起。

对受约束的阿瓦隆饭店的组织为设计师们提出了很多不同寻常的问题，比如说，因为这座饭店从前由三座独立的建筑物构成：第一部分，位于奥林匹克林阴大道，建于1948年；第二部分，坐落于卡农（Canon）道，建于1953年；第三部分，坐落在贝弗利道，建于1962年。卡农道的一翼是作为公寓区建造

该图展示了饭店三个彼此独立的建筑物，奥林匹克建筑位于中央，贝弗利建筑位于右后方，而卡农建筑位于左侧

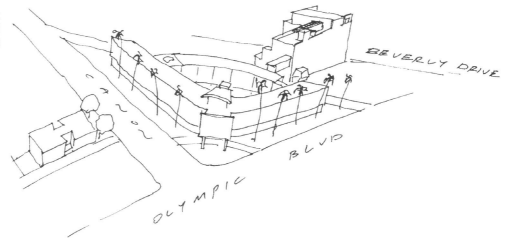

◇ 该图展示了新的木质天桥（在小巷的上方）将左侧的奥林匹克建筑与右侧的贝弗利建筑连在一起。新建的电梯就在天桥的左侧

◇ 现有的奥林匹克建筑楼层平面图（改造之前），在图上已经对饭店主要公共空间进行了定位，并完成了最重要的建筑工程

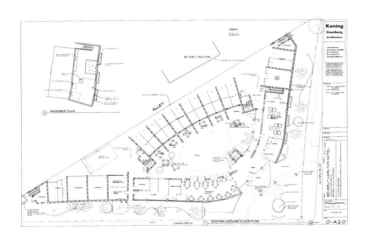

的，后来变成了饭店的一部分；在贝弗利·卡尔顿经营的数十年间，这三部分建筑是共同运作的。同时，该饭店还宣称是好莱坞历史的一小部分：玛莉莲·梦露在305房间居住了两年的时间，露西与里克·里卡多（Ricky Ricardo）在电影"我爱露西"的好几幕中都在该饭店登记住宿。但是最近几年状况急转直下，直到现代的所有者在1997年接管了它，并委任沃斯特勒负责规划改造。沃斯特勒马上意识到需要一位建筑师，于是向科宁·艾森伯格求助完成总体规划图，并与她的公司KWID在概念设计阶段进行合作。

在设计师们进行改造设计的时候，由伊恩·施拉格（Ian Schrager）、安德烈·巴拉兹（Andre Balazs）和其他人共同发起成功的小规模饭店的新波动对他们产生了巨大的影响。这些企业家们意识到了风格的价值，但是他们并没有为了追求这种趋势而牺牲了舒适与欢迎的氛围。因此阿瓦隆饭店的新造型是20世纪50年代与60年代冷峻风格的复苏，但其气氛是缓和的，随意而舒适，没有丝毫过度设计产生的恫吓感或生硬感。

街道、小巷以及三部分建筑物各不相同的建筑风

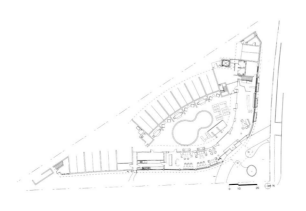

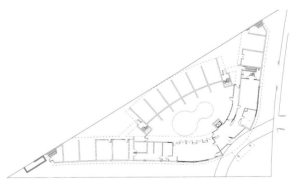

◇ 以前与后来的奥林匹克建筑楼层平面图。其中最重要的改变是将楼梯移到了外面并以玻璃取代了实墙，在门厅与水池之间形成了视觉上的联系。在新的平面图中，餐厅位于主入口的左侧，休息区和接待台在右侧

格，室内设计对建筑师们的挑战在于要将这三部分融为一个整体，一个单一的饭店。为了在视觉上把它们联系在一起，设计师们在这三部分都采用了海绿色的涂饰。他们拆除了遮阳蓬，法式门，并进行了其他一些改造，以避免建筑的杂乱。在包括主要门厅与46层客房的奥林匹克建筑入口立面的前方，他们用一幅新设计的玻璃砖壁画代替了以前损坏了的水泥砖壁画。他们还对门厅和餐厅部分进行了扩展，并通过将电梯移走、布置曲线形的玻璃墙代替原来的实墙面来开放面向水池的景观。从门厅一直向外延伸到水池都新铺设了蓝色的水磨石地板；在门厅以及相邻的餐厅部分，50年代古典式样的家具与崭新的铜质面板红木接待台以及专门设计定制的宴会桌和咖啡桌相得益彰。他们将电梯移到一侧并位于建筑的后部，把它包围在雕塑的容器中，镀铜的形式增添了非凡的现代感，与时代的风格相配合——并对大家普遍接受的乏味的电梯井提出挑战，不论时代或风格。

贝弗利建筑，穿过小巷拥有26间客房，与主体奥林匹克建筑通过一个新建的天桥相连。木质的遮阳天窗与街道两侧的景观使建筑的外观显得更加整齐，在

△ 设计师们在位于奥林匹克林阴大道的饭店主体建筑前面，用一个新的玻璃砖壁画代替了以前毁坏了的壁画，并在这三部分建筑上都采用海绿色调的涂饰。清凉、复兴的别致款式以及这个项目给人的感觉都代表了20世纪50年代的风格。这座饭店三个独立的建筑物建造的时间分别是1948年、1953年和1962年。标志牌，同样也具有50年代式样的特点

△ 建筑师在朝向建筑后部的一侧为新的电梯井设计了这个引人注目的镀铜容器

△ 门厅包含一个休息区，布置有从巴黎购买的20世纪50年代古典的座椅。室内设计师凯利·沃斯特勒在前景布置了一个红木咖啡桌，在后面布置了一个接待台。用竹杆制成了一个不寻常的部分的屏风，以此示意休息区与接待区之间的分隔

南面一侧新增加了金属框架以及建筑与花园之间的分隔。两层高的卡农建筑是这三部分中最小的，只拥有16间客房，景观设计师米娅·莱勒（Mia Lehrer）为它布置了新的雨篷，并在入口坡道上种植了新的竹子与热带植物。

88个客房包括28种不同的楼层平面，室内设计师沃斯特勒喜爱采用一种常见的冷色调以及自然的织物来营造一个共享的景象。这种色调适合于50年代的风格——同时也有助于空间产生一种适宜的清凉感觉，成为躲避洛杉矶通常十分炎热的街道的庇护所。在家具的选择上，沃斯特勒综合使用她自己亲自设计定制的现代家具与50年代的经典作品，并添加了一些原始饭店建筑的抽象照片或古典的绘画来活跃空间。这些家具及附属品专门用来营造一种类似于公寓的属性——并不难做到为多数客房装配有厨房和/或独立的餐厅，其他的则拥有半封闭的花园休息空地，这些特征更像是在公寓而不是饭店中出现的。每一个房间都布置有精美的亚麻织物和床裙，在这样凉爽的现代饭店中，旅客们确信50年代不会比现在看起来的——或是感觉到的——更好。

◇ 新的房间与花园之间的分隔以及50年代式样的家具摆设，使贝弗利建筑的房间与套房显得更加整齐

◇ 贝弗利建筑的顶层房间具有一个私人休息空地，布置着古典家具折中主义的集合

勒·梅里戈（Le Merigot）海滩饭店与温泉

迪莱奥纳尔多国际公司
圣莫尼卡，加利福尼亚

△ 室外景观展示了该建筑坐落在阳光明媚的圣莫尼卡海滨。设计明显是现代的，但也唤起了洛杉矶受现代主义者影响的地中海风格

拥有芬芳的气候与带有海洋气息的微风，加利福尼亚的圣莫尼卡，数十年都被比作法国的海滨休憩胜地。在南加利福尼亚海边小镇有很多饭店、公寓和私人住宅，它们的设计特色以法国式样为基础，并受到西班牙地中海风格的影响。勒·梅里戈海滩饭店与温泉，由罗伯特·迪莱奥纳尔多（Robert Dileonardo）和一个来自迪莱奥纳尔多公司的设计小组设计，是一个全新的、拥有175间客房、可以鸟瞰圣莫尼卡太平洋景色的饭店，展示了随意而又具世界性的风格，代表了典型的地中海式设计。

旅游者们首先是通过活泼的雨篷与标志牌被这座饭店吸引的——这是在洛杉矶比较大的真正对行人友好的小镇之一的重要元素。迪莱奥纳尔多的南加利福尼亚项目开始在门厅采用地中海风格，这里的艺术作品使人回忆起其欧洲的主人。大型的家具和铸铁灯具设备营造出一种经典的、古老世界（海滨）的风格，它与柔和清晰的线条以及花岗石地板和木饰面柱相配合。

在入口门厅的另一端，一面玻璃窗墙为人们提供了太平洋的全景，扩展了到室外阳台的过渡，是一个

◇ 门厅通过折中主义的各式随意的家具、细部处理丰富的金属作品、在夹层栏杆处的雪花石膏板以及定制的灯具设备，与木材和涂饰墙面整洁、中性的背景相配合

由该地区温和气候获得灵感的元素。门厅中的一间酒吧为客人们提供了又一个逗留的场所。

饭店的餐厅包括随意的咖啡走廊，其命名源自穿过街道精彩的步行公园；还有塞尚（Cezanne），一个采用精致的法国餐厅风格设计的餐厅，通过使用暖色调的木柱与铸铁灯具，与整个项目的设计结合起来。

迪莱奥纳尔多的设计重点在于客房，他们对于尺度、适意丰富的舒适性以及艺术级的技术进行了谨慎的平衡。客房中拥有特色的宽敞办公桌，大型休闲椅和完备的远程通讯联系，其设计首先要吸引的是国际商务旅行者。

饭店设施还为客人们提供了一个完备的温泉浴，拥有桉树蒸汽室，红杉桑拿房，还有一个面部及其他护理的大厅。这个温泉浴有助于使该饭店成为一个国际级的豪华饭店，温泉无论是在法国还是在圣莫尼卡的海滨休憩胜地都是受欢迎的。

◇ 门厅清淡的色调一直扩展到供应三餐的咖啡厅，这里一幅生动的地中海壁画与该饭店的灵感来源——法国海滨休憩胜地有着明显的联系

◇ 宽敞的客房与套房保持着保守的色调，但是其家具设备在本质上是依据商务旅行者的需求确定的

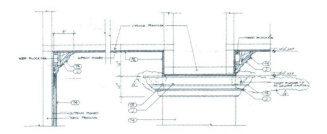

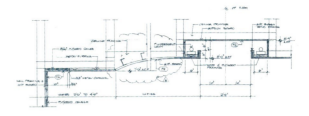

从过程与方法的角度看，设计师们可以绘制出空间布局的渲染图来向业主解释方案。渲染图与实际完工后空间的对比再一次清楚地证明了，专业的设计师们要——并且必须要——在房间实际建造之前绘制真实二维视图的必要性。另外一套图纸揭示了一些幕后的技术性挑战，包括对各种元素进行实际地设计，其内容从顶棚到雨篷。

◇ 两张剖面图对餐厅和会议室的顶棚设计进行了详细说明，上面还标注了各种灯具设备以及其他细部

◇ 细部详图展示了鸟瞰门厅的夹层栏杆扶手设计

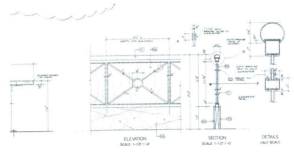

◇ 门厅、精美的餐厅和会议室的渲染图，所有都是在建造之前完成的，真实地揭示以后的设计

△ 丰富的细部处理就像是王冠模型,富有、专门设计定制的照明设施
◁ (重复运用在门厅),还有奢侈豪华的家具使得顶级餐厅、酒吧以及私人餐厅具有更加豪华的氛围

▽ 圣莫尼卡海滨休憩胜地的宴会厅

匿名俱乐部

吉塞拉·施特罗迈尔（Gisela Stromeyer）
苏黎士，瑞士

对于匿名俱乐部，吉塞拉·施特罗迈尔把它从一个功利主义的盒子彻底转变成一个奇妙的领域，层叠布置着云状的结构，营造出一种充满趣味与幻想的感觉，一个夜晚俱乐部的梦幻世界。施特罗迈尔的设计反映出她曾作为一名专业舞蹈家的背景，她在她所创造出的张力结构奇妙的紧张感与雕塑造型中，可以看到肢体运动所具备的流动的优雅。当施特罗迈尔从舞蹈转行为设计的时候，曾先后在德国和纽约普拉特（Pratt）学院学习建筑学，她追随一家帐篷制造商的足迹，包括她的父亲彼得·施特罗迈尔（Peter Stromeyer），他与合伙人奥托·弗赖（Otto Frei）将张力形式的运用扩展到戏剧性的、大规模的项目。（弗赖与施特罗迈尔最令人难忘的作品是他们为1967年蒙特利尔（Montreal）世界博览会以及1972年慕尼黑奥运会设计的张力结构。）然而施特罗迈尔的作品没有达到那样的规模，在经过纽约张力专家建筑公司的学徒生涯之后，她组建了自己的公司，并作为优美高雅的张力结构制造者拥有了自己的小环境。她的张力结构运用在无数项目中，其中包括零售商店、陈列室、办公室、博物馆、住宅——还有夜晚俱乐部，比如说匿名俱乐部。

当俱乐部的业主来到纽约寻找理念和家具的时候，施特罗迈尔接受了祖里奇（Zurich）的委任。他在一家零售商店看到施特罗迈尔设计的灯具，就找到她，并请她到祖里奇去进行俱乐部设计。施特罗迈尔

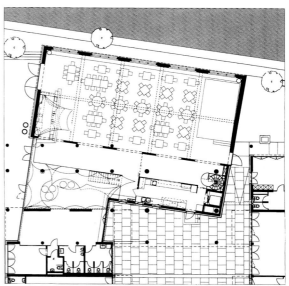

◎ 楼层平面图展示了俱乐部基本的功利主义盒子的造型，施特罗迈尔的结构在左侧中央软化了建筑网格，它与位于左下方的俱乐部入口相距不远

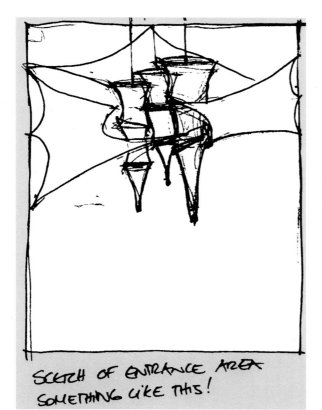

当施特罗迈尔设计她的织物结构的时候，利用了一张建筑平面图、对基地简要参观所拍摄的照片和她自己的草图，有一张是入口的，另一张是广角观察的全景空间

接受了这项委任，来到祖里奇研究基地状况，这是一个位于旧河边仓库区的建筑，现在正面临着中产阶级化翻新。这个旧的/新的建筑自身包括一个大约19世纪的仓库，与一个新加建的混凝土、玻璃建筑两层高的采光顶入口大厅相连。施特罗迈尔走过这所建筑，当对基地进行拍照的时候，就开始对她的设计进行概念化构思了——"我的思想作为对基地的反映突然涌现出来，造型、顶棚的高度、入口的位置，"她说——之后她回到了纽约的工作室。她利用这些草图、照片，还有一张从业主那里得到的带有精确尺寸的详细建筑平面图，完成了最终的设计。

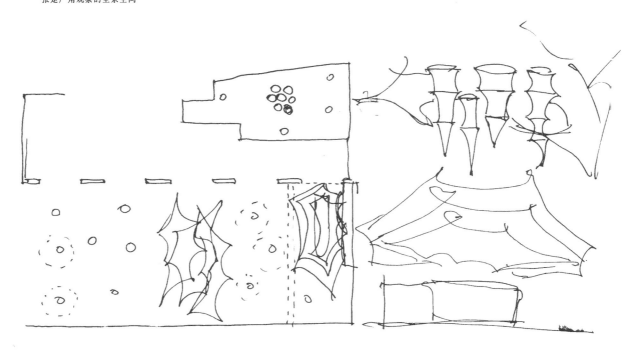

▷ 设计师吉塞拉·施特罗迈尔在入口区域顶棚上悬挂了一束五根柱状的张力结构，按比例缩减体量。在内部照明（并在顶部开口以便通风），该结构是以织物拉伸套在金属环带外制成的

▽ 层叠的白色氨纶张拉在酒吧上方形成云状的天篷，并由灯光投射而增添了色彩。张拉形态的丰满造型与内表面的坚硬相对比，极具魅力

俱乐部的主人决定了空间的基本构成：首层作为开放空间，其中用一半的面积布置桌子座椅和一个吧台，在房间的另外一端有一个舞台，用来应付演出以及时尚活动。从夹层空间的酒吧与休息区向下可以观看到电影放映区。没有改变基本的混凝土盒子，施特罗迈尔却完全改变了这个功利主义的封皮，布置了层叠飘舞的轻质白色氨纶造型，与现有建筑材料的坚固和坚硬相成对比——并且组织空间，按比例缩减了体量。设计师说，"这是思考设计的一种不同的方式，因为织物可以被塑造成三维的造型；它具有更加丰富的生命。你从一个方向拉它就会影响到所有的方向。这种材料是非常容易受到感应的。"

施特罗迈尔的工作从入口门厅开始，她在这里安装了三个水平的帆船式样的元素，它们环绕着一束悬挂着的由五根柱状结构构成的内发光的体量。为了着重强调酒吧区，她在吧台的顶上加了一个天篷，由层叠的紧张拉伸的织物板构成。在每一个区域，具有雕塑感的复杂造型以及织物本身整洁、简单的白色都令简单围合的盒子相形见绌。白色的织物也可以作为色彩的媒介：有颜色的灯可以安装在这些结构的内部，它们就可以从内部发光，而且弯曲的白色结构还可以作为空白的画布，使电影放映装置带有颜色的光投射在它上面。一位光学设计师在施特罗迈尔关于照明方

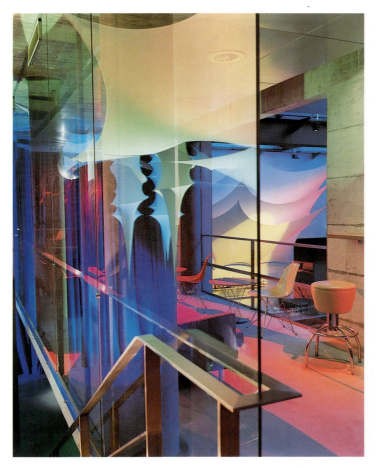

◁ 从夹层看到的景观,展现了不同的张拉造型是创造所层次的光与色彩的

案的建议下,进行了匿名俱乐部的设备安装,其中悬挂的内发光式柱体结构是施特罗迈尔创造的。由于胶化体和灯光的颜色都能够改变,所以室内的色调保持了完全的灵活性。

按照他们的通常的工作方法,施特罗迈尔和工作人员们自己制作这些构件,塑形、剪切、将原料缝合或是根据她所观测到的空间定制适合的织物。在最终安装完成之前她不会回去,当她亲自安装这些构件的时候,她利用一段线来塑造材料,将其铆固到墙、地板以及顶棚中的挂钩上。在该俱乐部安装中惟一一个"结构的"组成部分是在五个悬挂构件内部的金属环带,它在顶端打开以便使其内部的光线通过。

△ 该图展示了能唤起人们想像的超自然的造型,由内部照明或是通过电
◁ 影投影仪投射,背靠着各种背景和帷幔悬浮在空中。其中水平的结构用挂钩附着于墙体,而垂直的结构则是用线悬吊着的

隔壁的诺布（Nobu）

罗克韦尔小组
纽约市，纽约州

◇ 罗克韦尔快速地集合了所有的组成部件，包括一个模型，底层，和很多图像与质地，用来解释他对这间餐厅的理念

◇ 楼层平面图，入口位于左上方，曲线形的寿司吧在上方的中间，厨房位于右侧。服务吧台或"酒桌"位于底部的中间

就在很多人喜爱的餐厅隔壁再建造第二个相似的餐厅，有的人可能把这称为过度杀伤；但是当事人包括诺布亚基·马楚伊萨（Nobuyaki Matsuhisa）、德鲁·尼波伦特（Drew Nieporent）、罗伯特·德尼罗（Robert Deniro），以及设计师戴维·罗克韦尔与他的罗克韦尔小组的自信所带来成功战胜了一些怀疑。因此我们拥有了隔壁的诺布，就坐落在曼哈顿市中心时尚地区特里贝卡相当成功的诺布的隔壁。由嬉皮士产生灵感，更加随意、没有预定要求的隔壁诺布来自于原来的诺布，同时还有另外一些古怪俏皮的来源：日本电影Tampopo，其中具有特色的，被戴维·罗克韦尔描述成世界上最完美的到处都能看到的日本面馆。

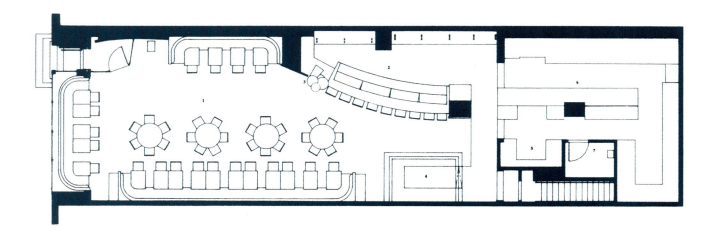

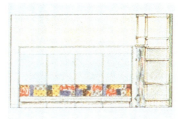
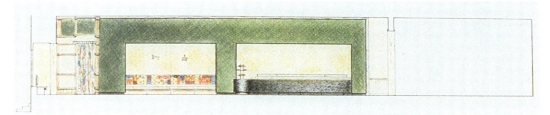
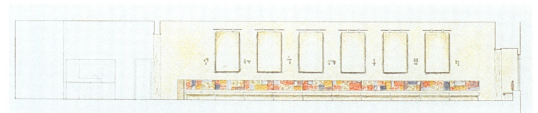
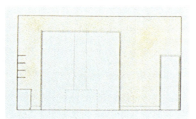

△ 四个方向的正视图展示了装饰有多彩织物的窗口座椅，在东面、南面和北面墙上六块榻榻米席的下方。南面正视图还展示了Yakinori装饰的墙体，以及右侧的寿司吧

　　隔壁的诺布，包含2000平方英尺（180m²）的鞋盒形状室内空间，从隔壁的"大哥"那里借来了一些东西，不无情趣。这种品质可能在隔壁诺布的饮酒区表达得最为明显，一个发光的半透明吧台沿着清酒酒瓶的搁置架排列，布置在餐厅的后面。（在实施说明中，它对服务吧台起到屏蔽的作用。）托内（Thonet）餐椅、经灼烧的材料以及卵石的细节都是效仿诺布制造的，虽然诺布结合的新的70座餐厅具有自己的特色与风格，其令人惊讶的精美构成的优美乐章与背景宁静的表现形成对比。就在入口的内部，一面轻柔曲线的墨绿色墙体闪烁发光，它是由Yakinori或干海藻装饰而成的，经过特殊处理并上了清漆。周边的墙体采用柔和的稻草色调，并由手刷威尼斯石膏装饰；饰物包括三组4英尺×7英尺（1.2m×2.1m）的编制榻榻米席，被悬挂在墙壁上，它们富有感染力的有机质地和颜色，与沿餐厅两面比较长的墙壁布置的窗口座椅上覆盖着的由多彩天鹅绒缝制的织物形成鲜明对比。

△ 简单的材料与沉静的色调赋予餐厅宁静的气氛，这里布
▷ 置着一些不寻常的物品，例如用日本古老的鱼篓制成的灯具，还有摆放着空清酒酒瓶的隔墙背后的服务吧台

不同寻常的质地与令人惊讶的物品和细部为隔壁的诺布增添了非凡的丰富感。陈旧的地板层的磨损看起来很亲切，就像是古老的钢材或混凝土。顶棚用面条装饰，富有灵感而不夸张（另外还有面条专门的碟子与菜单）。悬挂在顶棚上的灯具是用古老的日本编制鱼篓制成的。在餐厅寿司吧台的一端，在卵石制成的圆柱体台座的顶上——这是对原来诺布的一个呼应——三个锤形的艺术品放置在旋转的装备上展示新鲜的海味，上面堆积着碎冰。嵌入墙体的小而精美的珍珠母为墙体增添了光彩，而有趣的马赛克使休息室显得更加活跃。

隔壁的诺布是在很低预算的条件下迅速装配起来的，几乎没有什么预先的设计。彩色的正视图与设计师们出示的样板为业主提供了一些线索，但主要的原因是，由于业主已经和罗克韦尔合作了好几个成功的项目，故对他相当信任，并给予他自由支配的权利。隔壁的诺布生动有趣的室内景观证明了他们的决定是正确的。

在寿司吧台的一端，三个锤形的工艺品放置在一个旋转的装备上用来展示海味。它们被放置在一个由卵石制成的圆柱体台座上——这是罗克韦尔在原来的诺布中使用过的一个主题图案

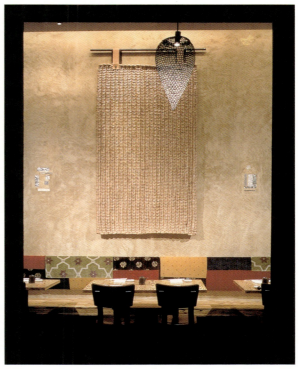

◇ 原来 Nobe 的顾客喝完了的清酒空酒瓶形成了一个生动的绘画性的装饰元素,布置在两面墙之间遮蔽着服务吧台的背光式搁置架上。前景部分是经灼烧过的吧台面板以及用作海味展示的锤形工艺品

◇ 设计师们将古老的日本鱼篓转变成了美观、独特的灯具

◇ 窗口座椅区的细部,鱼篓灯笼,榻榻米席的侧面嵌入珍珠母,有力地举例说明了经过对这些简单却精美而能激发人们兴趣的元素的仔细布置,达到了丰富的艺术性

◇ 从入口弯曲进来的有光泽的绿色墙体。这面墙由经过特殊处理并涂了清漆的 Yakinori 或干海藻制成的

伊杰亚（Ideya）餐厅

PNB 设计
纽约市

吧台和冷柜处被涂刷成白色的不均匀的墙体，增添了市场的景象

在纽约市的梭荷中心区，拉美的烹调风格是风靡的时尚，随之也出现了很多活泼的乡土设计的不同表现。对于伊杰亚餐厅，PNB 借助于拉美活泼的市场和商店形象，但同时又通过干脆有力的线条与白色的墙面净化了视觉的效果。

设计师们说，这个设计直接从业主的要求发展而来"创造一个区别于纽约市其他主题餐厅的环境，它们有的时候是压倒一切的。"设计师们注重一些涉及到开放市场与商店的简单元素而形成了设计策略，而业主们则集中精力根据对传统拉美菜肴的新解释形成一份菜单。业主们还要求对60座餐厅的设计要灵活，能够适应从周末早午餐到平日正餐再到闲暇时的休息等各种不同的需要。

PNB 的合伙人比尔·彼得森（Bill Peterson）与卡罗尔·斯韦德洛（Carol Swedlow），从不均匀并剥落的简单白色涂料墙体围合成的1200平方英尺（108m^2）的室内空间开始，营造一种中性的背景。他们在这样的外壳中插入了一个32英尺（9.6m）长的窗口凳，这是一个流线型的现代家具，长条椅表面装饰有聚乙烯带状织物，旨在回忆开放的市场座椅或是后院的烧烤椅。雅致的窗口凳使人们回忆起"父亲的猪排"或"最新鲜的产品"。

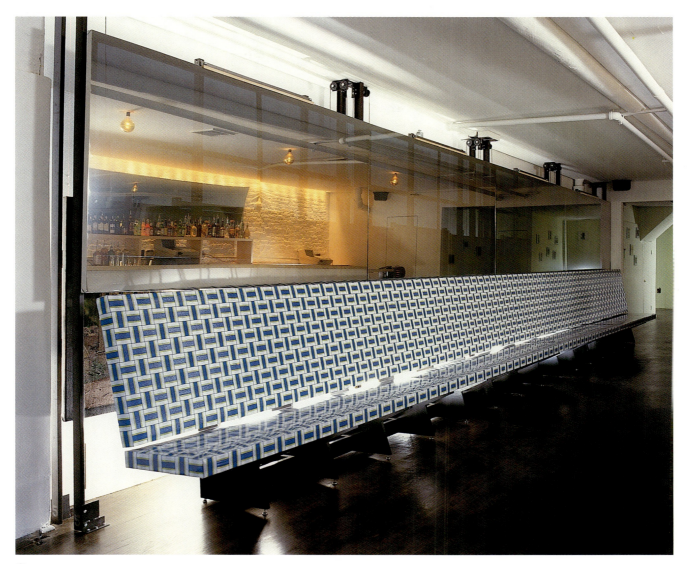

由聚乙烯带状织物制成,主要的窗口凳有 32 英尺(9.6m)长,是定义性的设计要素。它旨在反映出在拉美超市中所发现的材料。在窗口凳的上方是镜子,画板被降落到了座椅的背后

在窗口凳的上方,沿墙布置着一幅可缩回的、活泼的彩色壁画。它实际上是一个壁画系统——通过人工控制的缆绳和滑轮组,四块 8 英尺(2.4m)长的画板可以交替使用。画板可以很好地转换或是降落到窗口凳的背后并替换成镜子,戏剧性地改变餐厅的情趣。

窗口凳的对面,吧台的前面是用普通的浴室砖装饰的。在餐厅的前部,一个独立的冰柜布置在吧台的旁边,增强了市场的景象。然而,它取自拉丁超市的微小细部决定了整体的气氛——包括裸露的灯泡、油布桌巾、玻璃杯中的烛光、简单的木质吧凳、固定在墙上的风扇、弯曲木材的座椅以及悬挂的天平等设备。

◁ 从餐厅的背后观看，展示了窗口凳上方的镜子（上图），以及将镜子降落到窗口凳的背后后展现出来的装饰壁画（下图）

◇ 这所餐厅对拉美文化的继承通过彩色壁画活泼地展现出来

◇ 人工控制的缆绳系统使壁画之间以及与下面的镜子相互更替

罗克（Rock）餐厅

里奥斯（RIOS）公司
洛杉矶，加利福尼亚

玻璃墙面使路人可以看到室内的景象，设置有云状球形灯的空间。灯光与招牌使该饭店具有了引人注目的街道景观。右侧，酒吧上层话语吧的图形式样，增添了沿街立面的感染力

罗克餐厅，由里奥斯公司为洛杉矶厨师汉斯·罗肯瓦格纳（Hans Rockenwagner）改造/转变完成，在一个没有什么特征的二层商业街环境中，创造出一个活泼的、易于识别的街道层餐厅。罗肯瓦格纳想要在洛杉矶创建第二个餐厅，比现有的较大规模的餐厅对主流顾客具有更大的吸引力。同时，这里以前是该地区另外一位著名厨师的餐厅，它从前的功能也是对设计师们提出的挑战。这个项目还要求将座椅的数量加倍，能够容纳114名顾客用餐，同时要找出一个解决方案来缓解这里以前存在着的非常严重的室内环境噪声干扰问题。

正像这里建造之前的彩色绘图以及项目完工之后的照片所展示的，来自里奥斯的设计师们选择图形设计作为关键的元素，得以迅速地建造出低造价但又引人注目的空间的流行特色。于是图形程序包与空间设计结合在一起；举例来说，吧台的设计影响到菜单的式样，而菜单的式样又影响到招牌，同时建筑形式又对餐具的式样起到激发的作用。

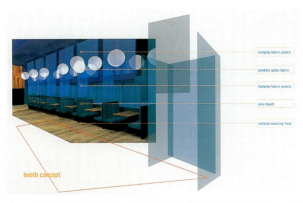

⊗ 一系列十幅图画中的六幅，举例说明了设计师们所预想的图形设计、室内设计与建筑之间的相互影响。从外墙橙色色调的垂直图案到酒吧上层的话语吧，这个项目从一开始就被看作是一个完全的、多维空间的单元

在室外，设计师们建造了一面明亮的橙色的墙体，成为一个图案式的转换感叹号。他们将这面墙体围绕进入室内，在这里阴影与背光对这一图形进行了戏剧性地表现，它转变成了三维的图形，并且具有了第二个声学隔板的功能。在餐厅，这个图形在三维空间充分延伸，并转变成一间葡萄酒储藏室。

从前这个空间具有特色的波浪形顶棚；设计师们将顶棚涂刷成深天蓝色，又在一个云状区域中悬挂了大量的 24 英寸（600mm）的球形灯具，创造出一个富有动感的新的顶棚，同时又有助于降低噪声，因为球形灯具悬挂得很低，足以吸收噪声。作为一种对比，在酒吧区噪声被转变成了图像，这里一个图形主题的"话语吧"（你在酒吧间会话中可能听到的话语）从顾客们的口中漂浮降落到了头顶的墙面上。

实施生动的、低预算的设计，罗克餐厅为顾客提供了一个完全的署名空间，浸透着视觉上流行的能量，这一定会对大众产生吸引力。

酒吧的细部展示了两个图形主题——球形，还有橙色点彩的"感叹号"——在空间设计中，可以发现其更大尺度的表达

◇ 从对面看到的餐厅透视效果。橙色色调的外墙转变成室内的声学墙——同时它又是葡萄酒柜。波浪形的顶棚被涂刷成蓝色,作为云状照明设施的"天空"背景

▷ 桌面的细部展示了不同的图形元素激发或反映了建筑与室内设计——所有的一切都被当作一个单独完整的组合处理

波斯特里奥（Postrio）餐厅

Engstrom 设计小组
拉斯韦加斯，内华达州

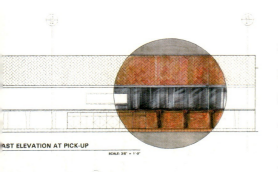

△ 正视图展示了餐厅不同的分区，为了展示效果嵌入了色彩、织物与材料

最近在仿建威尼斯圣马可广场的"威尼斯人度假村-旅馆-赌场"中，兴建了一个沃尔夫冈·普克的最新化身——波斯特里奥餐厅，它出色地融合了现代美国与地中海的影响，其式样表现了旧金山的巴洛克风格。设计师们说，这种奢侈的方法"描绘出威尼斯与旧金山的视觉特色"，试图将波斯特里奥餐厅与更加现代与时尚的南加利福尼亚风格的普克其他拉斯韦加斯餐厅区别开来，比如说斯帕戈（Spago）餐厅。

为了增添威尼斯的气氛，设计小组将人工吹制的玻璃、华丽的织物、玻璃和陶瓷锦砖，还有生动鲜艳的珠宝色彩都综合运用到一个 11500 平方英尺（1035m^2）的具有世界影响的旧建筑框架中。众多工匠在室内整洁、整体地工作。这所餐厅包含四个不同的分区，一个非正式的小酒馆风格的咖啡厅，一个活泼的酒吧，一个宏伟的餐厅和一个更加高雅的私人餐厅。

△ 餐厅的"露天"餐室由仿建的威尼斯圣马可广场边缘的手工钢质栏杆所限定

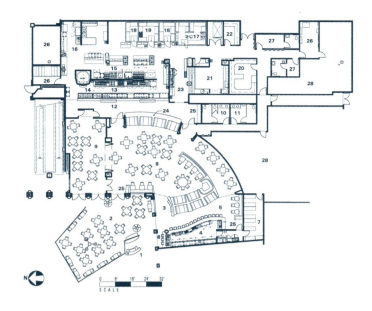

▽ 楼层平面展示了位于左下方的"室外"用餐场地，酒吧位于右侧，而主要餐厅与私人餐室则分别位于中心与左侧。厨房与二期的餐厅在平面图上位于顶部

▽ 早期的绘图与装修完成之后的室内效果非常相似，曲线与图案的运用营造出一个华丽的、具有巴洛克风格的氛围

在沿广场边缘布置的手工钢质栏杆之后，餐厅外部的小酒馆作为"露天"的咖啡馆（拉斯韦加斯的圣马可广场是一个具有空调的室内空间），摆放有大理石的餐桌和铝铸座椅，营造出休闲的风格。从这里透过高大的、古典主义比例的拱门，可以看到餐厅华丽、多彩诱人的室内空间。第一个体量中包含有酒吧，它作为室内外空间的过渡，在吧台的前面与结构柱上装饰着华丽的玻璃锦砖。大理石地砖是对威尼斯总督府风格的模仿，具有琥珀色、紫色与褐色三种色调。

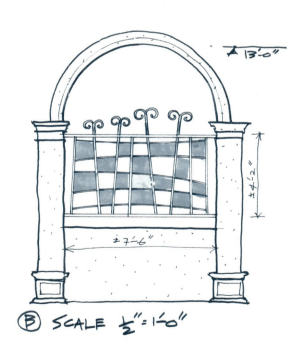

△ 该图展示了建筑与装饰元素的比例

主要餐厅巨大的尺度与奢华的装饰唤起人们对旧世界宏伟空间的回忆，高大的吊顶棚、大尺度人工吹制的玻璃枝形吊灯，还有曲线形的后墙。墙面与吊顶板采用手工粉刷，其质感与皮革相类似。一面装饰用的玻璃窗，包含数层蚀刻与喷砂彩色玻璃，既形成一个华丽的中心焦点，又对厨房起到遮蔽作用。相邻的私人餐室延续了主要餐厅中华丽的装饰主题。

拉斯韦加斯以其令人惊异的建筑与文化幻想而著称——同时它还是一个世界级的用餐目的地。普克装饰豪华的波斯特里奥餐厅，不久就会作为韦加斯人们所喜爱的餐厅而被世人知晓。

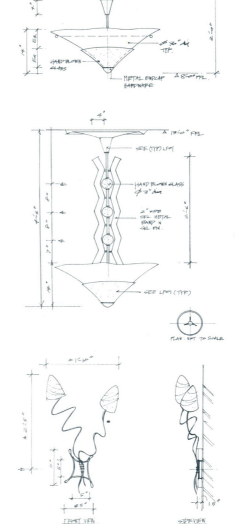

△ 在设计师们对色彩与造型进行研究的过程中，颜色与线条图结识出细部与相互关系

▽ 专门设计定制的照明设施细部大样图

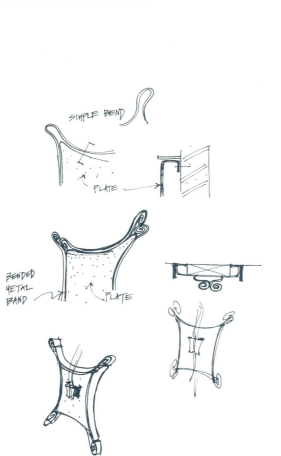

△ 金属制品的细部绘图

△ 受水城威尼斯与旧金山的启迪,波斯特里奥奢华、新巴洛克风格的室内具有华丽、富有质感的装饰,深暗温暖的色调,手工制作的灯具,以及其他一些独特的装饰元素。柱子与吧台的前面采用玻璃和陶瓷锦砖作为装饰

埃及剧院的美国电影馆

霍杰茨（Hodgetts）+ 冯（Fung）
好莱坞，加利福尼亚

1929年格里菲思（D.W.Griffith）首相在埃及剧院，展示了该剧院从前的庭院与柱子

尽管受到玷污与严重破坏，1922年埃及剧院的辉煌对梦想着它的复兴的人们来说仍然是显而易见的。建筑师霍杰茨+冯意识到要想使其生存下来，就需要对其内表面进行仔细的更新，改造其外部空间，并对其电影设施实施彻底的现代化。于是，这个45000平方英尺（4050m²）的场所为美国电影院提供了充分的空间，这是一个以洛杉矶为基地，非赢利性观众支持的定影与展览组织。

长期以来，对剧院的改造其实更是对其艺术装饰风格的赞颂。霍杰茨+冯的目标是复原人们列队行进的前院入口从前的面貌——它的墙面以彩色的埃及象形文字主题作为装饰。零售区仍然排列于西侧前院，并且还种植着棕榈树。同时得到复原的还有两个楼层高的入口门廊，这里有直径为4英尺（1.2m）的巨柱以及售票亭。

1922年埃及剧院辉煌的艺术装饰细部。顶棚被复原成了从前的样子，在银幕的上方又增添了新的声学反射板，还有钢材的"甲胄"装载着供热、通风与空气调节（HVAC）设备

△ 钢材的"甲胄"可以使人们清晰地看到历史的顶棚，同时又承载着声学、MEP以及照明系统

▽ 对原来入口氖灯标志进行了改造

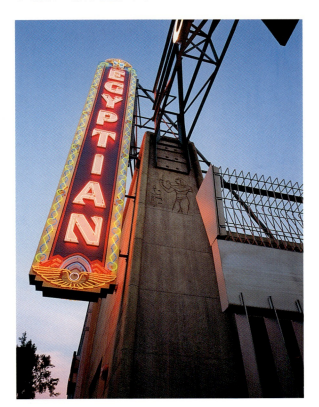

保留为数众多的历史结构，包括运用了一套完整的结构支撑体系来固定出口处的墙体。这套支撑体系利用了出口的底脚和出口墙体断面中的混凝土剪力墙系统，这样就可以将空心黏土砖拆除掉了。另外还对西侧墙体从前的照明设施与装饰窗帘进行了复制。该项设计中最为宏伟的要素就是对入口门廊的复原，包括巨柱以及从前售票亭的位置，从而重现了剧院立面宜人的雄伟气魄以及原始设计给人深刻的印象。

艺术级的影剧院具有灵活的表现能力，既能放映小规模风琴伴奏的无声电影，同时又拥有数字化音响设备，满足现代大银幕电影的需求。该剧院日常设计为400个座椅，在特殊情况下可以增加到600个。

▽ 剧院的平面以及引导进入剧院的棕榈树场地

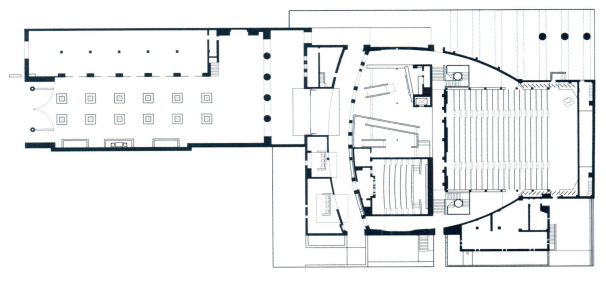

◇ 舞台前部上方的"金龟子"恢复了从前的光辉

◇ 复原的庭院中店面行列排布

◇ 在门廊处对埃及剧院进行了更新

◇ 侧墙上可调节的声学反射板用来制造剧院中不同的声学条件

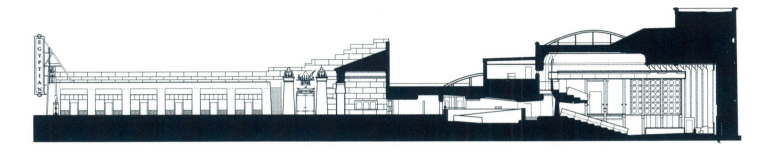

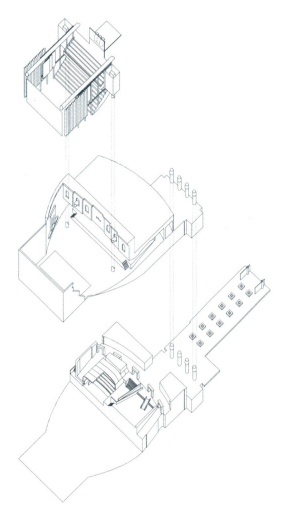

◇ 纵剖面显示了通向剧院的庭院

◇ 轴测图揭示了钢质的甲胄

◇ 在对剧院进行改造的过程中，建筑师开发了一种楼面板

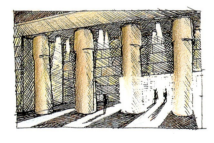 

私人办公室

切科尼—西蒙娜（Cecconi – Simone）公司
多伦多，加拿大

玻璃的入口大门通向公司办公室空间的门厅，业主们将其称为"像珠宝一样"的空间

为了满足业主提出的"像珠宝一样"的环境要求，切科尼－西蒙娜公司的设计师们依靠材料的属性、干脆的线条、自然光线以及空间的戏剧性，营造出一个闪光的公司办公室。通过对细部仔细关注，专门设计定制的家具以及温暖木材的运用，创造出了一个充满欢迎感的室内空间。另外，建筑师们还实现了创造一个"室内广场"的目标，用以促进开放的交流，为该办公室提供一种社团的真实感觉。

这所私人办公室坐落在一座独立的小商店建筑中，该建筑三个楼层围合着一个中间的庭院。电梯核在开始被介绍是"功能上的必要"，但是后来变成了该建筑"视觉与交际"的焦点。为了强化这一核心，设计师们选择了用缟玛瑙来覆盖墙体并采用背光，因此到了晚上，它就成为了一个"标志"，"将空间以

一个卡普奇诺特浓咖啡吧吸引客人们来到接待区

一部楼梯贯穿三个楼层，办公室建筑的门厅从正立面方向接受到充足的自然光

◇ 楼梯以及专门设计定制的栏杆在三层门厅空间将人们引导至楼上

◇ 私人办公室的窗户朝向门厅空间开启

◇ 由阿尼格木专门设计定制的长椅点缀着公共走廊

及室内的人们统一在一起。"在门厅还有一部楼梯蜿蜒上升,进一步统一了空间。私人办公室三个楼层都环绕着门廊并朝向核心开窗,"增强了这个空间广场的感觉。"二层和三层都拥有室外阳台,将"外界周遭的环境"带入办公室,并且"提供一种开放而又宁静的感觉。"

在接待区建立起了一种公司的欢迎氛围。在这里,客人们可以在专门设计定制的吧台享受卡普奇诺特浓咖啡(cappuccino),也可以在专门设计定制的长椅上召开即兴会议,参观者可以看到由建筑师设计的楼梯栏杆,还有埃拉莫萨(Eramosa)石灰石地砖与阿尼格(Anigre)木细部,这些在室内的其他地方也有应用。事实上,定制的工作站被设计得很随和但不张扬,使办公室显示出干净而对称的景象。室内与室外照明设计都相当仔细,与白天照射到室内充足的自然光以及夜晚由缟玛瑙渗出的光相协调。

△ 会议室的特色在于专门设计定制的会议桌与搁置架系统。照明系统与家具系统精心地统一融合在一起

◇ 从一层看到的门廊

◇ 该图揭示出建筑师对于细部以及整个办公室中专门设计定制的家具的
◇ 关注。从长椅到门厅的卡普奇诺吧，从会议室的会议桌到楼梯的栏杆
  都是专门设计定制的

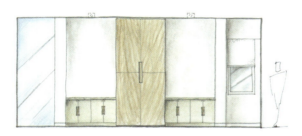

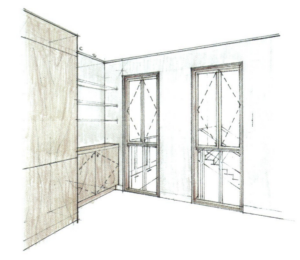

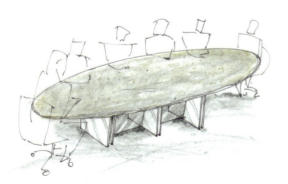

PLAN - BOARDROOM TABLE

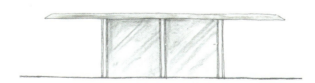

ELEVATION - BOARDROOM TABLE

Cappuccino Bar - concept

PLAN - COURTYARD BENCH

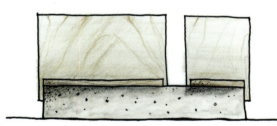
ELEVATION: COURTYARD BENCH

COURTYARD BENCH

桑托斯（Santos）SAOABU（南澳大利亚 & 沿海澳大利亚商业部门租赁）

卡尔（Carr）设计小组有限公司
阿得雷德，南澳大利亚

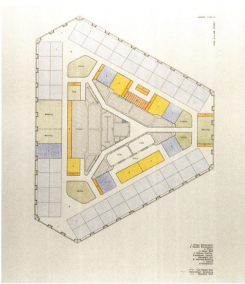

△ 这里展示了第九层平面布局以及标准层平面。"标准层"平面在实际的平面图之前完成，表明了总体的观点，即工作站沿建筑周边布置，会议区放在边角，而设备布置在核心

卡尔设计小组采用简洁、现代的设计方法，创造出八个楼层装饰简约、纯功能性的工作区，其设计为桑托斯公司同时也为公众反映、颂扬与强化了企业的形象与文化，并且有效地容纳 500 个雇员在这里工作。从事石油勘探业务 40 年之后，桑托斯作为国际主要的能源生产公司脱颖而出，总部设在南澳大利亚的阿得雷德，在遥远的澳大利亚内陆与沿海都分布有其勘探设备与生产工厂。由阿得雷德的卡尔设计小组设计，这里展示的桑托斯新的室内，有意将公司的南澳大利亚与沿海澳大利亚商业部门综合在这个位于阿得雷德的多层总部大楼中，叫做桑托斯大楼。桑托斯采用最先进的工艺技术，并且它所从事的野外作业都处于自然世界中遥远的地方。

八层办公室的设计敏锐地唤起人们对自然与技术之间相互作用的思考，这正是桑托斯工作的核心。在对这个项目进行讨论的过程中，副主管维维恩·麦克利（Vivienne Mackley）说："当在现有的公司走动时，我们注意到所有这些奇妙的航空照片，沙漠还有红色与褐色的土地上布置着石油精炼机和输油管。这些镜头有助于我们对于能源经营的理解，并影响到我们的设计。因此，当你踏出升降机，你就会看到清晰的地平线，被高科技与自然的构造所打断——这一景观正是桑托斯公司业务的核心与灵魂。"

△ 样品与色板展示了办公室空间与接待区的色调、材料与质感。任何一个部分都是对桑托斯业务的反映，即将高科技带入遥远的自然地域

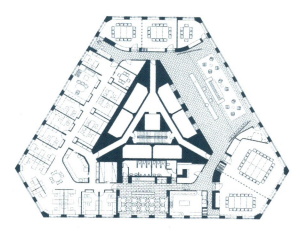

第十层平面，接待区在右上方，会议室位于顶部及右下角，工作站沿周边布置，位于左侧与底部。接待等候区在右侧，靠着接待区的窗户布置。咖啡厅位于底部的中央

接待区的早期绘图，包括前景悬浮的铝质接待台以及后面圆柱体的陈列。第二幅图展示了接待台的末端，其背后是等候区，另外还有最左侧圆柱体后面的钢质墙体

第十层接待区的景观。长长的悬浮铝质接待台悬挑着，背靠一面黑白纹理的大理石墙面。这面墙体遮蔽着布置有埃姆斯椅与沙里宁桌的等候区，在墙体的后面还有一张内建的窗口凳。圆柱体背靠着不锈钢墙体悬浮，用来展示公司的历史

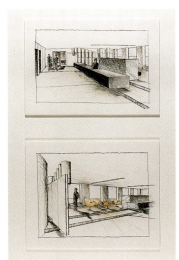

在向业主表达设计思想的过程中，公司采用了样品与色板以求唤起人们对沙漠及其他自然景观的想像。一组样品用来表现后面的办公室；而另外一组则用来表现公共接待空间。设计师们还运用了绘图来说明接待区的视觉表现，在锚定的大理石墙体前面，悬浮布置着长长的、呈体块状的接待台。

技术与自然的相互作用启迪着色调的运用；这所建筑，其造型为三角形，如何有效地组织平面，是这个项目提出的又一个灵感上的挑战。每一个楼层分配给了公司不同的业务部门，而每一个楼层早期的组织计划都是由设计师们研究设计的。接待区位于第十层，具有更加"公开"的布局，为设计师们提供了一个台阶，踏上这个台阶，就更深入地反映与肯定了公司的形象。业主需要一种外观，麦克利说："它能够强化公司作为主要能源生产者与高效运转的形象，随时准备去承担适当的风险，为公司未来的利益采用新的科技。"为了避免虚饰，设计师们在寻求一种外观，"充满保守、谦逊与坚固感"，但是仍然提议要"进步，领导边缘设计与技术。"因此，冷静、大方宽敞的接待区，没有什么装饰。为了锚定空间，设计师设置了一面带有白色纹理的黑色大理石墙面，作为灰色、铝质、长长的悬臂接待台的衬托。这面墙遮蔽着后面的一个非正式等候/会议空间，抬高了一个踏步

◇ 设计师们在三角形楼层平面中，将会议室或是"结点空间"设置在建筑的边角。这个两倍大小的会议室由土色的墙体围合，旨在唤起人们对沙漠地区土地色调的感觉，该公司正是坐落在这一地区

的高度。这一开放的区域中布置着荒漠色调的经典埃姆斯（Eames）柔软休息椅，中间为白色大理石沙里宁（Saarinen）桌。一面曲线形、厚重、土色的墙体将等候区整个包含在其中，并一直延伸到会议室空间。不锈钢的墙体限定出接待区，引导人们通过三角形的核心到达办公室。接近电梯的地方，一面钢墙作为公司展示装置的背景，在一系列铝质圆柱体上记载着公司的历史。

在对公司员工工作情况进行观察之后，设计师们切实可行地减少了封闭办公室的数量，取而代之的是在每一个楼层沿周边布置的开放设计的工作站，这样员工们就可以享受到自然光线，并看到私人办公室与核心相当接近。每一个楼层的工作站都被发展成为灵活的模块，既适合用作单独的工作站，又可以作为单独的办公室或会议室。为了克服三角形平面为设计带来的困难，设计师们在建筑的边角安置了他们所谓的"结点空间"：这些空间适用于团队工作，并具有180°的视角可以看到这座城市。

◇ 每个楼层周边布置的工作站均采用模块设计，因此一对工作站可以转变成一间单独的办公室，而四个工作站则可以组合成一间会议室。该图展示了初期工作站和一个非正式会议区的景象，下面的平面图举例说明了模块理念是如何实施的

◇ 在第十层，由厚重的土色曲线形墙体围合的会议室与接待区相邻布置。通过剪切使墙面变轻。这种颜色旨在唤起人们对桑托斯运作的沙漠地区土地色调的想象

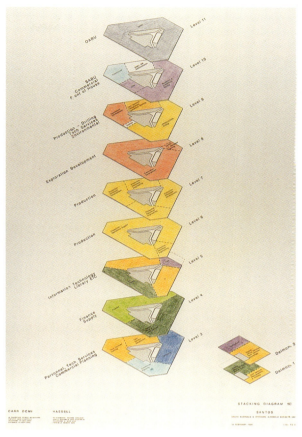

⊙ 相对于更加华丽的装饰和家具,通过质感与色调的细节巧妙地唤起对自然的感觉。这种保守的交互作用正是该设计的本质

⊙ 建筑内部的奥伊·帕奇(Oil Patch)咖啡馆中有专门设计定制的凳子,而餐厅中布置着胡桃木胶合板制成的埃姆斯座椅

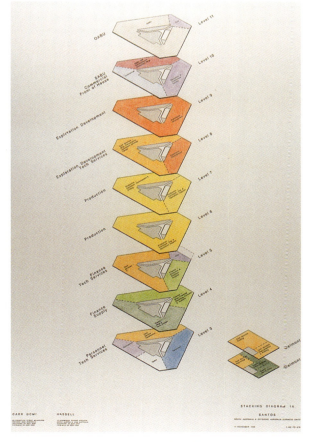

⊙ 在八个楼层中对公司各部门进行分布设计的两套方案,展示了根据业主的反馈和其他一些因素,设计师们是如何从以前的设计发展演变出后来设计的

布罗德穆尔（Broadmoor）开发公司

建筑师兰迪·布朗

奥马哈（Omaha），内布拉斯加州（Nebraska）

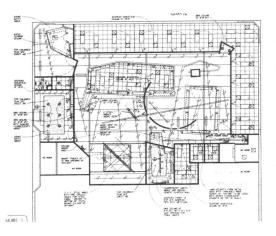

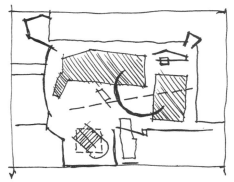

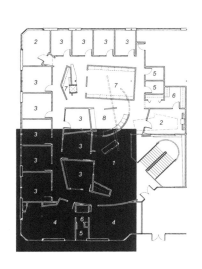

虽然这个项目是在六个月合理时间计划内完成的——两个月的设计发展再加上四个月的结构施工——这10500平方英尺（945m²）流动的、富有雕塑感的室内空间反映了一种即兴塑造空间的方法。该办公室位于奥马哈市郊一所新建筑的整个地下室与一层——这座建筑在设计发展开始进行的时候还没有完工。对建筑实际外观表现信息的缺乏，在事实上却激发了设计小组的优势，就像兰迪·布朗所说的："由于业主没有事先见到建筑的外壳，所以对于装修的形式也就没有预先的规定。"

布朗的哲学与布罗德穆尔业主完全相匹配，在这个项目上投入了他的公司对建筑设计的热爱以及对当地建筑的探索与实践。布罗德穆尔开发公司专门建造与管理公寓与办公室建筑，该公司的两个合伙人思想毫不保守与守旧，这在开发商中是不常见的。布朗说："他们希望设计能够表达出他们关于开放的理念，这将激发创造性思维，并为将来的项目树立一个标准。"

◇ 早期的设计以及几个后来的设计，表明了布朗在整个过程中对空间的视觉感受始终保持没有改变

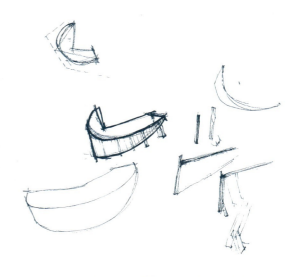

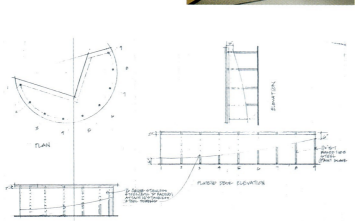

△ 专门设计定制的桌子由早期的草图,到后来细部相当详尽的构造详图的演变过程。背靠一面成角度的槭木墙体与降低的顶棚,这张桌子本身就具雕刻性,是按照早期草图与构造详图制造的

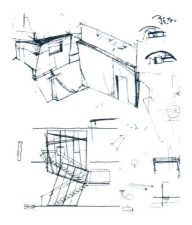

△ 早期绘图展示了楼梯,以及经过挖剪的墙体。楼梯的细
▽ 部立面图与剖面图说明了它是如何坚持最初的概念的

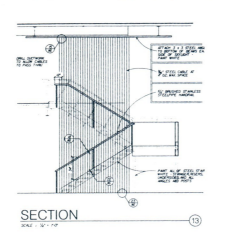

幸运地拥有思想开明的业主,由于没有什么"预先的规定",布朗得以"使业主参与到设计中来。我们向他们展示我们正在做的工作,对他们进行指导,从而使他们参与到整个设计过程中来。"这样的过程得到了动感的、富有戏剧性效果的室内景观,布朗是这样富有诗意地描述的:"空间就像是造型……由内到外雕刻而成。不要把墙体看作是划分构件,或是理解成普通建筑材料的构造物。这里只有造型。是对材料外来的变换。无缝变形的天然木材表现得就好像是由固态雕刻而成的。而金属则依靠机械连接件加大了尺度,变得无边无尽。"设计师的注解按照这种方式继续下去,这里的引文尽管有些抽象,但是却表明了在创造这些不凡的、但最终仍然是功能性的空间时,是如何在哲学水平上进行考虑的。与这些话语产生共鸣的是它们在完成的设计中的反映,在这里可以通过无数的绘图、平面图与照片看到。布朗有趣的概念性思考与现成的、自己建造的建筑的对比,形成了独特的、新颖的、富有表现力的作品。

布罗德穆尔室内装饰与家具都由非常基本的原料制造而成:混凝土、钢材、木材和玻璃,反映了该公司的业务性质。然而这些材料彼此碰撞、协调,并以令人惊讶的方式相互作用。例如专门设计定制的接待台并置了槭木胶合板水平面板、玻璃制品的表面以及竖直的钢质支撑。

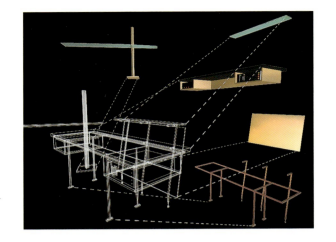

◎ 计算机生成的图形以"分离"的形式展示了接待台的组成部分。这张专门设计定制的桌子并置着槭木、玻璃与钢材

◎ 计算机生成的二维和三维图像反映了这个项目不同的元素是如何与建筑外壳以及相关空间相适应的

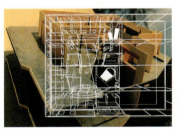 

公司合伙人与12名雇员的工作范围超出办公室，在每个楼层的周边布置着很多的会议室，各个风格都经过特别的设计，并在整个平面中随机布置。这些会议室从由玻璃围合的房间到完全开放的空间。除了这些会议室，整个室内空间开放、流动的神奇感觉还通过一类构造得以强化，例如不锈钢镀层的构件以及槭木胶合板；作为这些动感景观框景的室内窗户更进一步增加了运动与行动的感觉。

在这个项目中惟一的自然光线来自于主要楼层上方的一个天窗。布朗说为了强化这有限的日光，他设置了一个浅色格栅以便使"空间发光"。"我们还特别规定使用了图书馆灯，在没有什么背景的情况下使用，使它们成为焦点。"

最终，布朗说："造型成为了解决问题的方法，业主并不能马上了解他们的追求。其结果适合他们的房地产开发办公室，但是并没有限制这里以及其他潜在的广告或使用。"对一名开发商来说这是一个完美的结局：一个完全创新的空间，可以满足任何业主的需求。

△ 该项目在建造过程中的景观

◇ 连接二层楼梯的景观。可以看到办公室两个楼层的会议室都位于玻璃的后面，下层的在右侧，而上层的在左侧。平行的竖直金属网用来定义划分楼梯的平面——并且增加了又一个视觉上、组织上、整齐转弯的空间

▽ 在楼梯与接待区相交的区域，设计师们想象并创造了造型、平面与材料生动活泼的相互作用

◇ 在主要楼层或上层公共走廊的两侧布置着办公室。这些办公室都是独特的、经过创新性的雕琢，可以满足不同业主的功能要求

◇ 这是一间私人会议室，具有专门设计定制的会议桌与降低下来的顶棚

◇ 曲线形灰色的混凝土墙围合着复印室，并将其与接待区隔离开来

TBWA/基亚特（Chiat）/ 戴（Day）西海岸总部

克莱夫·威尔金森（Clive Wilkinson）建筑师小组
洛杉矶，加利福尼亚

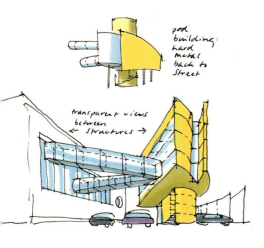

也许与任何其他类型企业相比，创造性的工作都更需要一个富有想像力的环境才能取得成功。这就是这个广告代理机构总部背后的推动理念，要求一个开放的、具有适应性的办公室。克莱夫·威尔金森建筑师小组魔术般地将工业化的外壳转变成了一个"广告业的城市"，拥有完善的邻域、绿色公园、界标式建筑、天际线以及一条主要街道。

基本上，这个代理机构希望能在单独的一座建筑中容纳其500名雇员——还要有一些时尚感。建筑师所考虑的一件事是要保持公司文化的完整性，尽管被分隔在这个120000平方英尺（10800m²）的建筑中。同样对设计具有引导作用的是该建筑27英尺（8.1m）高的顶棚。建筑师说："我们决定要设置夹层、走道与坡道，使员工们下到地面上是相当重要的。"

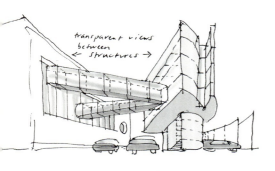

◎ 新门房的草图，一个与现有仓库相邻的有金属包层的亭子，设有悬挂的坡道。这个富有雕塑感的造型被绘以明亮的颜色

然而，该项设计的第一步就是用主要街道从仓库的中间将其一分为二。主要街道是中心组织要素，拥有公园一般的环境，布置着树木、咖啡桌、椅子，以及终端的一个篮球场。下一步，规划设计要进行布置富有创造力的职员办公室。这一组办公室对建筑师来说是最难安排的，因为它们既需要集中化又需要一定程度的私密性。从希腊岛屿圣托里尼（Santorini）的洞穴景像得到灵感，这些办公室变成了"悬崖寓所"，是由钢材、混凝土建造的亮黄色的构造，另外在主要街道两侧的三个楼层，还布置着两组金属装饰盖板。

◇ 建筑模型展示了 TBWA/基亚特/戴的办公室室内组织，在一个仓库中创造的"广告业的城市"

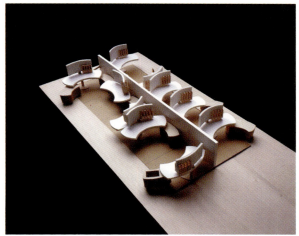

◇ 工作站一比一的实物模型

◇ 从一个"悬崖寓所"的阳台上看到的"城市景观"。悬挂着的巨大屏幕是广告竞标图

在中心区的附近是一个叫作"Oz"的正式会议室，这是一个用密度板制成的盒子。与它相邻的是另外一间会议室，由三个栈式海运集装箱构成。还有其他一些"邻域"从这个中心辐射出来，并按照代理报告进行组织。对于工作站，威尔金森研究出由一种木材和金属构成，具有适应性的工作区模块，叫作"巢"，现在正由斯蒂凯斯（Steelcase）/图恩斯通（Turnstone）进行批量生产。这些工作站被作为会议室的轻质帐篷结构所点缀。有人想克莱夫·威尔金森是否曾经研究过卡尔·古斯塔夫·容（Carl Gustav Jung），他在1923年写到："想像的动态原则就是实施，儿童拥有想像力，随着各种工作原则的不同，它的表现也各不相同。但是假如没有这种想像力的施展，就不会诞生任何富有创造力的作品。我们无数的成就都要归功于想像力。" TBWA/基亚特/戴的业主把一些情况归功于建筑师克莱夫·威尔金森。

◯ 二层平面图

◯ 首层平面图

◯ 楼面布置的初期草图

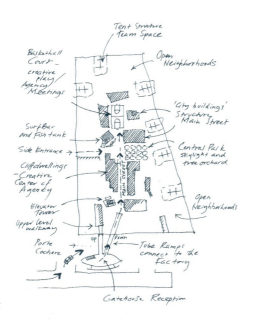

◎ 街道的早期概念性草图，混凝土、金属装饰盖板模块变成了"悬崖寓所"，里面是富有创造性的公司员工

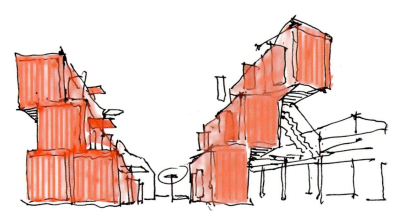

◎ 在一个悬崖寓所内部，一幅塔科·贝尔（Taco Bell）富有表情的渲染图（代理公司的作品之一）

◎ 工作站的早期概念性草图，它最终成为人们熟知的"巢"

拉雷（Rare）媒体办公室

科宁·艾森伯格建筑事务所
洛杉矶，加利福尼亚

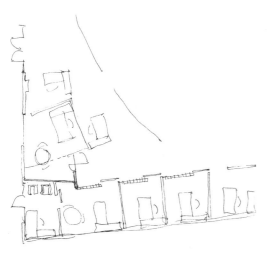

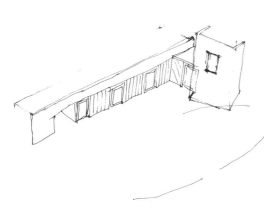

△ 早期绘制的粗糙的草图，包括部分楼层
▽ 平面以及一面室内的墙体，这是该项目
在设计过程中的发展

这个国际公司办公空间的设计为建筑师们提出了一个独一无二的挑战：业主习惯于在网络化控制空间中工作，希望事情能够瞬时间完成；这家公司频繁地转卖移交，以很快的节奏反复买卖；员工是数量可以很迅速地压缩或扩充；而且办公室复杂的技术要求也可以在短时间内就发生根本的改变。总的来说，这些公司的所有者与经营者们所要求的是一幅清新、时尚、边缘化的景象——而且当下一个流行趋势到来时，它可以在六个月之内改变。换句话说，所有的情况发展都很快；因此网络工作的人们习惯欲这样的情况，并认为设计与建筑也是同样时尚的事情。这和正常的情况是不同的。

来自于科宁·艾森伯格建筑事务所的设计小组，由朱莉·艾森伯格（Julie Eizenberg）领头，为拉雷媒体对其10700平方英尺（963m²）的办公室进行更新。办公室位于洛杉矶 拉雷媒体网络总公司西侧的小仓库中，这是一家多媒体公司，为广泛的业主提供国际互联网站服务及网络设计。当公司的所有人第一次与科宁·艾森伯格进行商洽的时候，它使用的是另外一个名字，那个时候电子商务与网络设计还处于刚刚起步的时期。要想感受到当今这个世界发展有多快，你只要了解这一切都仅仅是在1998年发生的。在网络时代这已经是久远的历史了。

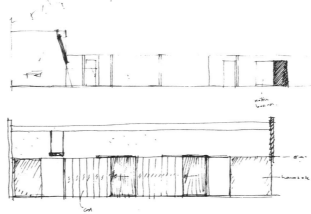

△ 早期的绘图展示了动态的材料调整，透明与不透明的不同等级水平，以及
沿办公室入口周边布置的墙体高度

© 1997 Benny Chan-Fotoworks

◇ 设计师们在作为拉雷媒体公司办公室与工作室的反装配仓库中央，安插了一个独立的中心容器。在这个结构倾斜的、白色弧墙之内是各种功能性的空间：会议室、复印室、厨房、服务用房。片石墙体富有动感，并与仓库现有的绞索桁架屋顶系统形成对比。从这个角度看，接待区位于画面的左侧；另外还可以看到中心结构内部的会议室

◇ 楼层平面图展示了设计师在建筑中建造了一个不规则形状的核心结构，其中包含了服务间、工作室、会议室、厨房与复印室——所有这些都是多用途、交互式的空间。办公室、工作室和其他一些私密、半私密空间布置在周边，中心是作为休息/展示区的开放空间。后部的工作室是开放的。在图面左侧、左上方与顶部中间的点画线代表的是夹层空间。核心结构上面的点画线则表示将其包围起来的高大、弧形倾斜白色墙体的位置

这座建筑采用绞索桁架屋顶系统，经过抗震改造，被地主闲置。艾森伯格说，业主到科宁·艾森伯格建筑事务所时"相当匆忙，并且预算紧张"，寻求一个计划"现代能源与轻松"的工作场所。总之，要有一些酷、时尚与不同寻常——所有这些特征都是传统办公室所不希望的，但网络设计办公室必须要有这些趋向。当然这些办公室也必须要满足功能性，具与商业特性，其中计算机工作站的配置必须具有灵活性与适应性。预算只有 270000 美元，业主没有资金来购置新的家具；设计师们必须要在预算允许范围内进行设计与建造。因此选用的材料都是基本的：涂色的片石、MDF 胶合板、two by fours，以及有机玻璃。但是预算上的限制却可以激发出优秀的作品，艾森伯格说："片石虽然便宜但对于木质搁栅吊顶来说却是极好的装饰。这在质感上是很出色的对比。"

从平面中可以明显得看到，工作区由一系列小型半私密或开放办公室组成并沿周边布置，中心是一个开放型研究空间与一个大型不规则形状的结构。这个独立布置的中心结构——实际上是许多不同的空间被一面曲线形倾斜的片石墙动态地包围在其中——仅在顶端设置开口，以防破坏顶部现有的弓弦桁架。在墙

© 1997 Benny Chan-Fotoworks

△ 在右侧，通过运用木框架结构与有机玻璃板的墙体，实现了办公室的半私密性

◁ 从办公室后面的工作室区看到的核心结构体。在这个空间另一侧的右端，可以看到专门设计定制的MDF胶合板接待台。在这一端的核心结构体中包含有服务器与相邻的工作间。核心结构体上右侧方正的入口标明了位于服务器用房与厨房之间的空间

体之内是用来布置计算机服务器的各种空间，作为办公中心以及一个相邻的工作室；公司的会议室，采用MDF等级胶合板装饰，还有一间复印室和一个独立的厨房。这个涂刷成白色的结构中曲线形、倾斜的墙体与顶棚的弓弦桁架形成"良好的对位关系"，空间中比较直线形的造型，产生了一系列生动的空间上的动感。就像艾森伯格所解释的："当你拥有这样一个大盒子的时候，你就会使用材料来填充这个空荡的空间……你采用组合的装置（就像这个倾斜的白色墙体）来创造一种自然的流动感。"

在核心结构与周边办公室之间的自由区被用作循环走廊，它同时也是展览室或休息空间。沿周边布置的办公室由内装的书架、玻璃隔断和/或裸露的墙体与胶合板衬墙分隔。在某种情况下，只有木框架而没有填充物的墙体，会产生一种似有似无的感觉。尽管拥有少数的私人办公室或封闭的空间，这个工作场所整体上是保持开放的，利于鼓励彼此协作的工作方式，这在大多数与网络相关的事业中是很正常的。最重要的资料在于商业需求大型的管道与布线沟槽，保持所有的线路都能够满足将来进一步的扩展。一张专门设

© 1997 Benny Chan-Fotoworks

△ 核心结构封闭却暴露出木肋结构，是对屋顶造型的回应，服务器用房的计算机组放置在金属架上。前景的开放空间是服务器用房间、与厨房之间的通道。上方，一面流动的墙体为核心结构营造了局部但却联系的围合

▽ 核心结构体的西端，在这里入口处墙体与复印室相交。新的核心结构体被纳入了现有的弓弦桁架屋顶系统之下

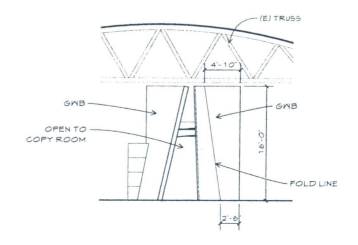

© 1997 Benny Chan-Fotoworks

◎ 不同的木结构以及不同寻常的角度和开口,造就了室内量体中动感的环境

© 1997 Benny Chan-Fotoworks

△ 从夹层俯视会议室,由可以移动的、分层的片石板和/或homasote板以及有机玻璃底座围合;左侧的书架,还有第二种功能,围合了沿周边布置的小型办公室。左侧的滑门在必要的时候可以关上以保持私密性。在采取低技术、低造价方式进行的网络办公室设计中,大多数的管道、通风空调设备、硬件设备以及其他系统硬件全都保持裸露

计定制的胶合板接待台被锚固在入口区。"我们尝试着与意想不到的情况游戏,"艾森伯格说,"因为在通讯事业中事情发展是如此之快。六个月之内事情就已经变得陈旧了。它就像是餐厅与零售商店,在那里业主只关心他今年的景象。建筑学正在变得越来越像一种时尚。"

风格改变了,技术改变了,所有权也改变了。在这样的环境中,你不可能真正做到持续地建造。这个项目的设计、建造与使用是在六个月之内完成的。然后,在建筑师能够完成设计定制的工作站之前,这个公司就被其他的人购买了。建筑师继续为公司工作——事实上,这家公司又一次被出售了,第三家公司——拉雷媒体公司——是现在的所有者。建筑师为不同的业主工作,尽可能快地建造出工作站,以满足拉雷媒体公司员工爆炸式的增长。因此,建筑师为人们设计了三维的工作区,以创造环球网的数字化的规模。

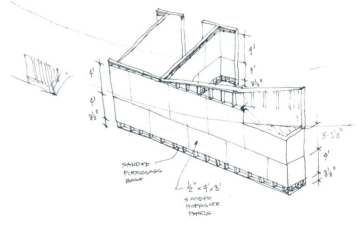

◎ 会议室围合的断面细部详图,由homasote板与木框架上有机玻璃基础构成。左侧比较小的空间是厨房。细部展示了一个方正的入口嵌入核心结构体的墙体当中

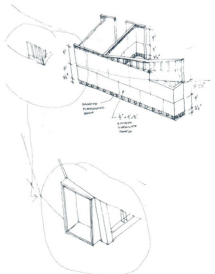

卡瓦纳（Cabana）后期生产设施

戴维·林（David Ling）建筑师事务所
纽约市

建筑师戴维·林将德国表现主义经典影片"The Cabinet of Dr. Caligari"作为该设施中带有棱角的、翅鞘式样走廊的灵感来源

戴维·林对这个设施的设计方法是"一种同时具备两种美感的设计，它将考古学的编辑同现代的介入综合在了一起。"卡瓦纳是一家近期合并的公司，致力于后期生产的编辑，它既要求有富于现代风格、令人感到亲切的业主洽谈办公室，同时又要求有各式各样尖端科技的工作空间。在曼哈顿一座高层建筑的三个狭小的楼层中，林利用一个中庭将这三个楼层联系起来，并在其中布置了富有纪念性质的楼梯以及50英尺（15m）高的背景瀑布。他在三个楼层中使用的全部都是普通常见的建筑语言，并采用折叠墙体以及工业化材料。

原有的柱子、板材与横梁都保持裸露，并在它们的外围包上了新的墙体。新的墙体带有"舞蹈的"性质，其设计构思是由音乐与编辑中获得的：不对称、折叠的中间挖空的墙体构成了美妙的乐曲，而规则排列的梁柱则是乐曲的节奏。构成墙体的不规则的表面反映出电影的片段，同时也是对编辑们合力完成他们统一作品的反映。尤其特别而巧妙的是曲折的、翅鞘样的走廊，这是对德国表现主义经典影片"The Cabinet of Dr. Caligari"的谒拜，而谢尔盖·艾森斯坦（Sergei Eisenstein）的"波将金（Potemkin）战舰"中的奥德萨（Odessa）阶梯则是中庭楼梯的灵感来源。

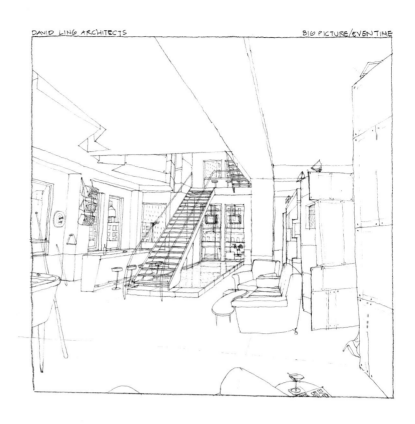

这些图是建筑师戴维·林开始设计之前所绘制的,用来向业主介绍这个项目。通过这些绘图与该项目完工之后的比较,我们可以看出事实上林在设计中采用了更加激进与独特的方向:绘图中的楼梯没有完工后作品中雕刻的棱角。相反,林在绘图中渲染了室外平台的欢乐气氛——这是他设计中的一个很好的卖点,但是对建筑真正的设计理念来说,这并不是重要的部分

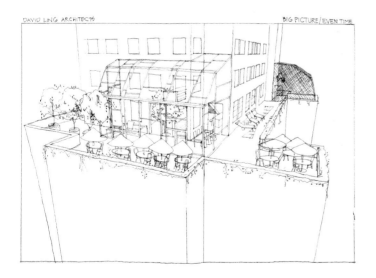

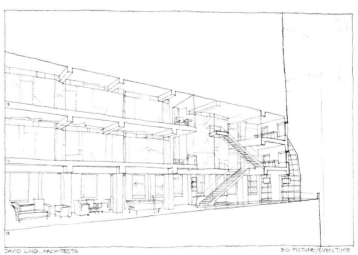

林所采用的材料反映了办公室不调和的特性，同时也展示了富有趣味的各种色调：背光式皱褶玻璃纤维、夹板与电镀金属板构成的波浪状墙体从电梯间一直延伸至中庭，在中庭布置有一个背光式玻璃纤维瀑布，薄薄的一层水幕从玻璃纤维上流下，注入一个泪珠形状的铜质水池中。金属楼梯就漂浮在这附近；楼梯的上方与下方都设置了灯光，它显得好像就坐落在水中，或者其本身就是水的一部分。中庭的边缘采用暴露的板材作为界限，呈现为锯齿状，与折叠的墙体相呼应；每一个楼层都有不同类型的锯齿状造型，从而在各楼层之间产生了一种富有节奏感的对话。在对面墙体上的夹板展现了另外一种韵律。混凝土地面没有经过修饰，保持其自然的状态并被涂刷成蓝色，在陈旧的水磨石地面与旧的大理石、砖以及旧墙体标志上面装饰以裂化的冰釉层表层——管道工程、电缆、喷淋水管和其他一些功能性系统都裸露在外面，更加富有考古学的意味。这个项目在显示出其工业化特性的同时，其造价也相当经济，并且易于将来重新配线，这在编辑工作后期生产设施中是一个持续存在的需求。

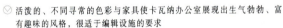

该图举例说明了材料之间的"对话"：混凝土、钢材、玻璃纤维，以及瀑布下面的铜质水池

活泼的、不同寻常的色彩与家具使卡瓦纳办公室展现出生气勃勃、富有趣味的风格，很适于编辑设施的要求

中庭中主要接待空间展示了主要的设计元素：富有纪念性质的楼梯、波浪状的瀑布墙、铜质水池以及蓝色，富有创意的冰釉混凝土地面

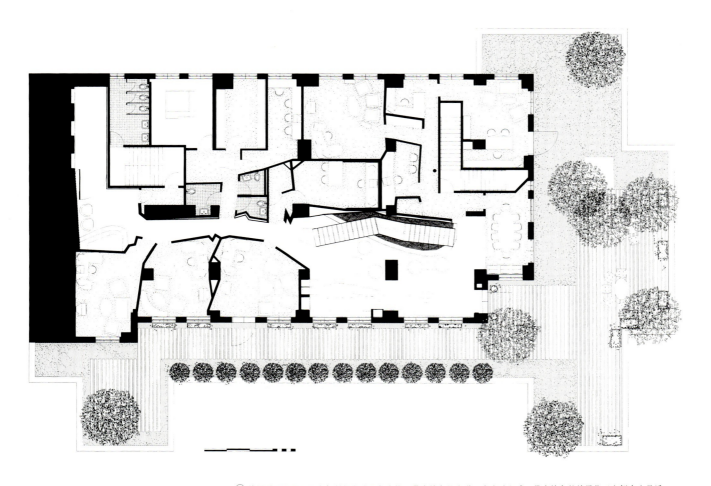

⚐ 首层平面图展示了右侧封闭办公室与会议区带有棱角的走道。富有雕塑感、带有棱角的楼梯位于左侧中央悬浮于中庭之上。会议室位于最左端。在这个楼层的办公室两端都设置有室外平台

⚐ 悬浮的楼梯倚靠着波浪状的玻璃纤维"瀑布"

⚐ 该图展示了主要元素楼梯，跨越中庭曲折向下延伸，联系起该设施的三个楼层。建筑师戴维·林声称这座楼梯的创作灵感来源于艾森斯坦的"波将金战舰"中的奥德萨阶梯

10865(ten8sixty – five)建筑师办公室

史蒂文·埃尔利希建筑师事务所
卡尔弗（Culver）市，加利福尼亚州

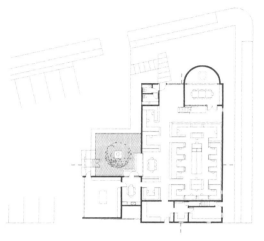

△ 总平面图展示了该建筑坐落于基地的一角

很少有一栋建筑物具有这样一系列不同寻常的功能。这座目前叫做 10865 的建筑物是在 1917 年设计建造的，是当时加利福尼亚州卡尔弗城市俱乐部，作为舞厅与社区中心。后来，这座建筑又被用作太平间，获得了其第二次生命。在这之后，该建筑被封闭与废弃了数年，直到史蒂文·埃尔利希建筑师事务所将其购买下来，作为新的公司办公室。

被埃尔利希描述为"争论的"对该建筑的探访结识出几个明确的特征，正是这些特征鼓舞了埃尔利希将这座建筑购买下来。当这座建筑由舞厅转变为葬礼大厅的时候，礼堂就被分割成了一些带有吊顶的比较小的房间，其中包括位于建筑前方的一个半圆形的观察室。在对覆盖于各类房间上方的屋顶进行研究的过程中，建筑师发现了一个大跨度的木质桁架屋顶系统。在各种地板层与地毯的下面，是一个枫木地板层——这就是过去舞厅的地板。

◇ 建筑师绘制的早期草图。左上方为基本的平面，左下方为该建筑的视图。右上方为一个粗糙的剖面，右下方是一个稍微详细的简单平面，它与实际建造的平面相当接近

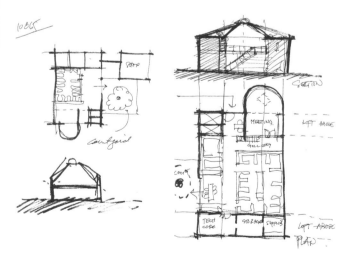

△ 从前的舞厅转变成太平间，又转变成叫做 Ten8Sixty - Five 的建筑师办公室（10865 是该建筑的街道数字），展现出一种独特的沿街立面，建筑师将原来太平间半圆形的观察室变成了会议室。细细的窗框唤起人们对 20 世纪早期设计的回忆，该建筑就是在那个时期建造的

于是，挑战就出现了。埃尔利希说："要尊重建筑的精神（已经它从前的居住者），但是又不要为了保持而成为奴隶。"建筑师努力创造一个生动的、充满阳光的办公室，尽量保留可能保留的部分。最后，这座建筑被拆除到仅剩下基本的外壳。建筑表面被破坏掉了，但是基础与主要屋顶线没有进行调整。遵守实施的文化，一个开放"工作室"风格的办公室产生了。由于跨距较大，所以要求在夹层的图书馆与首层的会议室插入钢质力矩框架。细细的铝质窗框唤起人们对于 20 世纪早期钢窗的回忆。

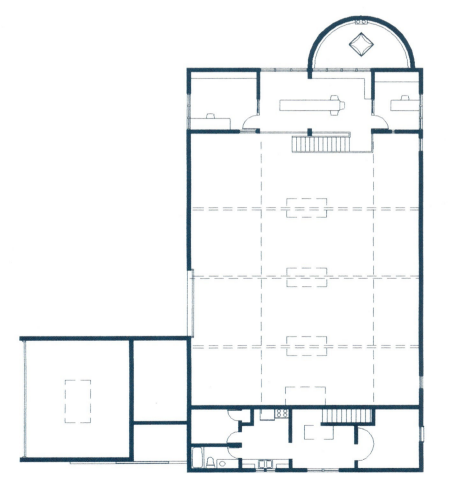

△ 建筑模型与极少的设备将展览室与等候区划分开来；插入这个区域中的楼梯导向夹层空间

基地中一棵生长了85年的橡胶树，成为了由塑性材料与木框架构成的墙体限定的室外庭院的焦点。一扇14平方英尺的玻璃车库卷帘门消除了室内外之间的屏障，从而使自然光线与清新的空气涌入室内。一面装修明朗的MDF固定周圈墙体限定出工作区域；咖啡厅与会议室的桌面、浴室中的台面、餐具橱与工作站都采用统一特色的铝板。工作站由芬兰色调桦木胶合板建造而成，中间以漆布表面的实心门扇作为分隔。

就像埃尔利希所讲的，"适应性办公室再利用的模式同时包含了精神与环境再生的议题。在物质层面，对一座废弃建筑物的恢复可以保存建筑材料，而且用于照明、供热、制冷的能源也可以比较少。同时，在建筑师的会议室，即原来的太平间观察室中，人们对于不断变化的未来的贡献与过去汇合在了一起。"

在建筑师们打开他们新工作室的大门之前，举行了一个燃烧鼠尾草的典礼，并由一位当地的传教士进行圣水祝福。所有过去可能停留在这里的灵魂都被邀请参加了这一典礼。

一棵生长了85年的橡胶树成为了庭院中的主体，该庭院由木材与塑性材料构成的墙体限定，其入口处设置了一个活泼的、带有棱角的雨篷。当分隔庭院与相邻的室内会议室的玻璃卷帘门开启的时候，室内与室外就融合成了一个整体

◇ 从首层和沿建筑前方的夹层空间中几个不同视点观看,中央工作区被一面装修明朗的
◇ MDF墙体围和在其中。工作站由桦木胶合板制成,由带有漆布桌面的实心木门分隔。促
使建筑师购买这座建筑的一个原因就是在吊顶(后来被拆除了)上方的屋顶处,原来的
木桁架屋顶系统依然是完整的

◇ 建筑物右前方的会议室,从室内以及从建筑首层入口内的陈列室观看的景象;第二个会
议室位于夹层图书馆的上面

TEN8SIXTY-FIVE ARCHITECTS' OFFICE 145

马赫卢姆（Mahlum）建筑师事务所珍珠街区办公室

马赫卢姆建筑师事务所与 K 公司
波特兰市，奥勒冈州

靠近市中心的珍珠街区是波特兰市对居家办公（SoHo）中心做出的应答：古老的混凝土与砖石结构建筑，从前用于轻工业制造，现在吸引了城市中富有创造力的各类人才，从艺术家到广告代理人再到通讯行业企业家。建筑师，也被卷入了这纷杂的状况中，街道层面的生动性，尤其是具有高高顶棚的阁楼式样的室内空间。马赫卢姆建筑师事务所在珍珠街区搜寻目标，最终确定了普雷尔·黑格勒（Prael Hegele）建筑的底层，这是一座 1906 年为陶器与玻璃批发商建造的砖结构大厦。良好的街道面貌与便捷的交通弥补了这个空间在造型上的笨拙，这里的使用面积为 4840 平方英尺，并以一种不规则的 T 字型在其他组；租赁者之间以及周围曲折环绕。建筑师安妮·舍普夫（Anne Schopf）主持设计，在利用现有仓库结构中粗重的木隔栅的同时，使空间配置最大程度地满足公司的需求。

办公室围绕一个 20 英尺（6m）宽、100 英尺

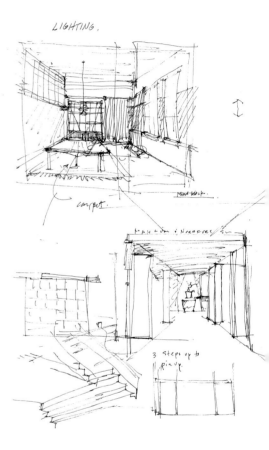

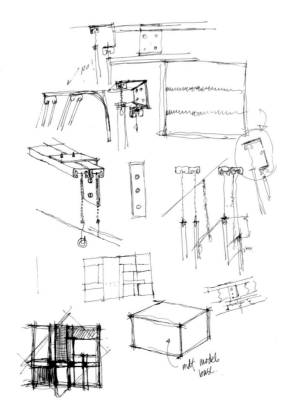

△ 从建筑师舍普夫笔记本上选取的画面，表现了对空间设计早期的概念，其中包括粗糙的楼层平面图、照明构想以及对硬件和其他组成部分的速写

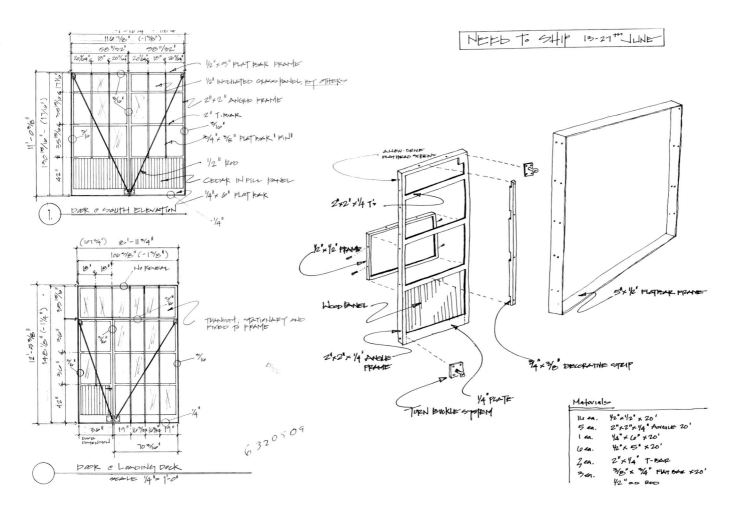

◇ 工业设计师杰克·卡尼的绘图反映了他偏重于细部方向的任务：他不仅设计硬件、门扇、地板和其他组成部分，还负责管理装配。卡尼没有使用计算机，从他为马赫卢姆办公室两个入口门所绘制的这些简单却详细的图纸中可以明显地看到

◇ 细部详图概要以及会议室与简报室铆接平板钢门扇和工业强度五金件。它们可以滑动关闭以保持私密性

◇ 在旧的上货平台上入口门扇的螺丝系统细部详图。在平面图上，它们在底部定位，正好位于中心（参见下页）

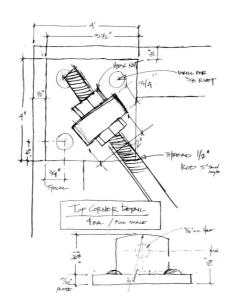

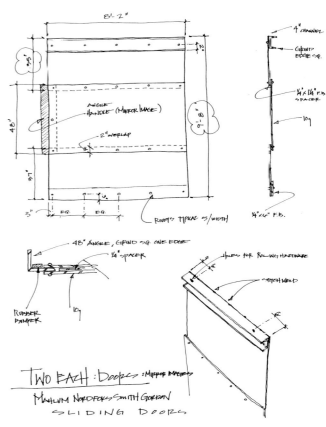

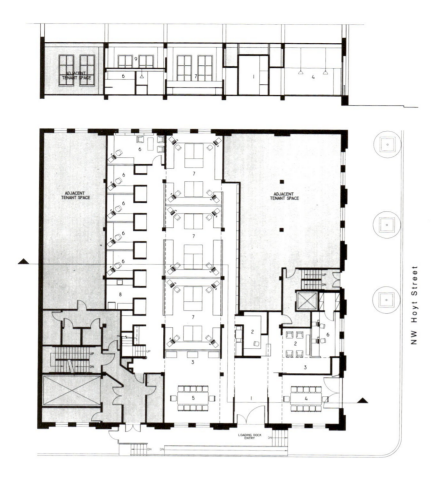

△ 从街道向会议室内部看的景观。原来的门扇被钢骨架玻璃旋转门所取代,在温和的天气可以开启

▽ 穿过入口门厅的景象,侧面滑动的钢门内部是会议室与简报厅。从上货平台到办公室的转变反映了该项目在历史上与前后关系上的真实性,可以看到铸铁、铆接钢板门、工业化照明设备以及钢材地板

◇ 不规则造型的底层空间平面图,包括会议室、接待区、右下方其他一些比较"公共"的空间,以及长长的设计工作室与一些私人办公室,它们位于一个100英尺长的量体中,从建筑物的一端贯穿到另一端。顶部的窗户是在空间改造的过程中修建的底部的主要入口一个原有的上货平台上

(30.5m)长,用作设计工作室以及组织要素与流通枢纽的量体进行组织。舍普夫说,通过最东端新设置的一组窗户"产生了一个延伸比例的平衡的包容空间",工作室中既包含开放的工作站,同时也包含私人办公室。根据舍普夫的说法,这个设计的"焦点在于我们进行团队工作的本质,以及这个原始仓库的特性与精神内涵。"通过位于从前的一个上货平台上的前门进入,接待区、会议室和简报厅,以及长廊空间,都用来展示新兴艺术家们的作品,整个西面和南面都面向街道。它们从东侧流进开放的设计工作室,从而建立起了舍普夫所描述的"从公共空间(门厅、会议室、接待区与长廊)到私人办公室的设计的层次。"此外,舍普夫还试图运用对比与模糊性进行设计:"坚硬与柔软、明亮与黑暗、扩张与私密"是这个项目中通过空间与形式的组织,特别是材料的运用唤起的三组特性。

◎ 从接待门厅看到的会议室的景象。舍普夫采用了14英尺（4m）的天鹅绒，对所有坚硬的表面与质感产生柔软的对比。会议室位于建筑的西南角，这是整个建筑中最为显著的"公共"一角

◎ 在经过几次反复实验后，卡尼为铆接的钢板门设置了皮革把手，通过工业化五金件悬挂，可以滚动关闭以保证会议室的私密性

◎ 窗帘的细部以及两种类型的地板，显示了表现丰富的质感与颜色的变换：枫木、剑麻与天鹅绒构成了一种宁静而吸引人的组合

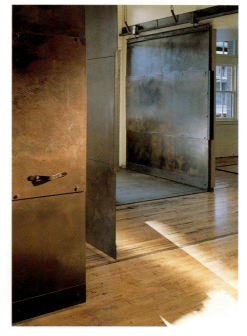

寻求确定一种材料的调色板来"反映邻域的历史"，舍普夫求助于卡尼（Kearney），将造型展示给她。"她找到我并告诉我什么是她所需要的，"他说"然后我就进行设计，她再对我的设计提出建议，我们一起苦心构想出结果。"在珍珠街区办公室这个项目中，卡尼主要的成就在于几个不同式样的钢门，入口区的地板由废品回收的钢板制成，接待台是用造纸厂的传送皮带再生利用塑造而成的，层压硬纸板的台面以及钢材。这些组成部分的设计反映了他对于细部的关注以及有关材料渊博的知识——在设计的同时还综合考虑到现有的混凝土、木地板、粗重的木结构和其他一些原始的要素。就像舍普夫所讲的："这就是选用工业化元素与材料，并通过细部与装饰的处理对其进行改变；选用原来粗糙的构件，通过仔细处理来表现对它们的尊重。"

要想将安妮·舍普夫的建筑设计与杰克·卡尼的工业设计分离开是一件非常困难的事情，就像试图在他们的关系中划分界限——将个人与专业割裂开来。他们二人在纽约西部自从孩提时代就是朋友，并在五年前结婚，在太平洋西北部一起合作了很多项目，其中以为马赫卢姆建筑师事务在波特兰、奥勒冈州、西雅图、华盛顿设计的办公室/工作室最为著名。舍普夫自从十年前就在马赫卢姆工作，而卡尼则在1998年离开了一家著名的西雅图工业设计公司并成立了他自己的工作室，K——公司。近年来舍普夫被提升为马赫卢姆的负责人，使这个相对保守的公司的设计界线更加明确并富有挑战性，特别是像与卡尼合作的这个马赫卢姆波特兰办公室的项目。

专业上的关系可能会使个人关系变得紧张，但是卡尼与舍普夫似乎找到了一种成功的操作模式：他们描述他们的合作为'一个对峙的过程，因为我们都拥有强烈的思想与热切的期望。我们之间没有吞吞吐吐的言语。"举例来说，舍普夫描述卡尼第一次看到马赫卢姆办公室中的皮革门把手说"看起来好像卫生巾。"（looking like sanitary napkins）不用说，卡尼重新进行了设计。高度的期望值意味着对彼此才能的尊重，而这种尊重是通过实践获得的，这个项目以及其他马赫卢姆事务所主办合作的项目都可以作为评判的标准，其中包括多克·马腾斯·艾尔瓦伊雷办公室，以及马赫卢姆最近完成的西雅图办公室。

加利福尼亚街 300 号明亮的盒子墙体

亨茨曼（Huntsman）建筑师小组
旧金山，加利福尼亚州

　　加利福尼亚街 300 号，建造于 20 世纪 40 年代，曾在 20 世纪 80 年代进行改建，是一个位于旧金山金融区中心的改建项目，是表现建筑学作为市场工具的一个优秀范例。当建筑的所有者们雇佣亨茨曼建筑师小组进行再一次改建时，他们实际把这看作是一次整容手术：他们想要将加利福尼亚街 300 号重新配置成"新经济"型租赁者使用的设施。新经济是指通讯、媒体公司，以及其他高科技领域的行业——这种公司将旧金山的索马（SoMa），或是"南部市场"改变成为一个充满活力的新的工作—游乐目的地。亨茨曼所面临的挑战在于要创造一些独特的东西——在相对呆板的北部市场金融区中心建造一种"南部市场"风格的建筑。

　　与建筑的所有者一起合作，建筑师选择将工作的重点放在建筑的关键区，而不是对外部整体都进行重新配置。设计师们通过新的入口和街道层的门厅，创造出了一个引人注目的焦点。

◁▷ 设计师们在新的、经过扩展的门厅空间中利用一个浮动的红色顶棚构成动态的元素，与原有的混凝土柱、墙和顶棚形成对比，另外还有新的铝板及固定设施

首先，他们拆除了原有的门厅，取而代之的是一个大尺度、更加显著的量体。在外立面上，他们设置了不锈钢板和一个由重叠金属檐板遮盖的大尺度、钢骨架窗户的组合。

现在从街道上很容易辨识，门厅内那些粗糙、自然的材料，例如模板浇筑混凝土和钢板与包括突出的铝板和玻璃在内的经过精细加工的构造元素形成鲜明对比。在新的门厅中最醒目的视觉特色是一面受立体画派启发的铝框架墙体，加了灯饰的玻璃是专门设计定制的，但采用的是从前储存的材料。现有的混凝土柱、墙和顶棚都保持裸露，这些材料的粗糙强化了该建筑中新定义的低技术/高技术特色的对比。一个鲜亮红色的顶棚增添了缤纷、动感的元素，而经过抛光处理的黑色水磨石地板将这一切都融合在一起，有助于在金融区建立起一座现代风格、受索马影响的建筑先锋。

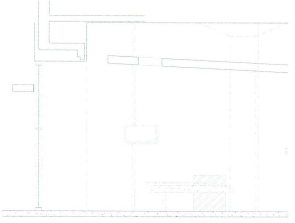

△ 立面图展示了门厅中内装的接待台以及略微倾斜悬挂的浮动顶棚

◇ 不锈钢板与檐板，扩展的玻璃，使新的门厅具有强烈的街道视觉冲击
◇ 力，而红色的顶棚与一面加了灯饰的玻璃与铝质墙体又起到了加强的作用。门厅充满动感、精神饱满的特性来自于原始、自然的装饰与光滑材料之间的对比。黑色水磨石地板作为一个基础的元素，将新与旧统一在一起

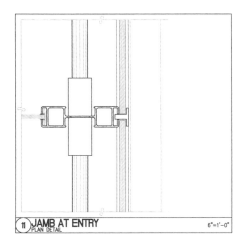
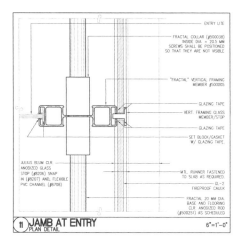
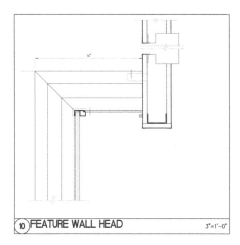
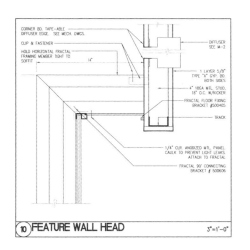
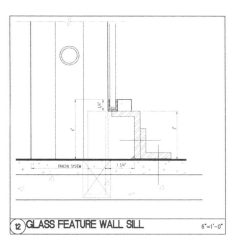
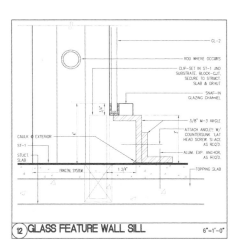

△ 利用 CAD 绘制的图纸，表现了门的边框与特色墙面的构造细部，这是门厅中新设计的元素

多克·马腾斯·艾尔瓦伊雷（Doc Martens AirWair）美国总部办公室

马赫卢姆建筑师事务所安妮·舍普夫、迈克尔·史密斯（Michael Smith）、菲尔·查布（Phil Chubb）设计，杰克·卡尼工业设计

波特兰市，俄勒冈州

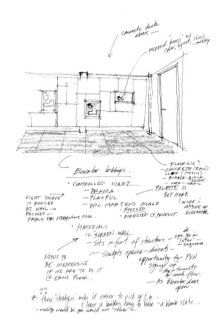

△ 舍普夫将她书面的构思翻译成为透视图，并对细部、颜色和其他一些细节进行了说明

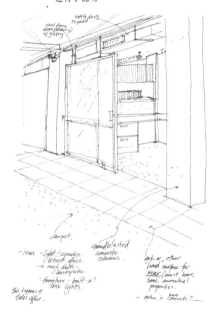

自从20世纪早期，多克·马腾斯作为繁重的工作——鞋子与靴子的制造商而获得成功。直到20世纪70年代，这种大而沉重却实用的多克·马腾斯皮靴被庞克摇滚乐歌手及其追随者们发现，于是变成了一种时尚，同时也为公司到来的不同领域的市场与花样。经过后来一代摇滚乐歌手的成长，工业强度的舞步仍然保持嬉皮的风格，而很多带有文身、刺唇的未来庞克摇滚乐手假如她或他的多克·马腾斯上没有第一根皮带的话，就不可能梦想到外面去发展。于是，当以俄勒冈州波特兰市为基地的公司想要寻找一个新的总部建筑时，其首选就是时尚的珍珠街区，它是这座城市艺术—设计的萌芽地区，也是画廊、广告代理商、网页设计师与时尚时装店的发源地——这里还有马赫卢姆建筑师事务所，它拥有珍珠街区街道层办公室，由公司建筑师安妮·舍普夫与工业设计师（同时也是舍普夫的丈夫与毕生的朋友）杰克·卡尼设计，宣告说马赫卢姆建筑师事务所的定位为对邻域美学的后工业化时尚表现。多克·马腾斯的规划者们当然留意到了这一条件，委任马赫卢姆来负责他们新迁移总部的设计。

△ 利用计算机生成的图像,有助于建筑师预先阐述项目完工之后的景象

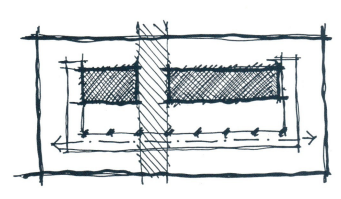

△ 粗糙绘制的楼层平面草图说明了建筑师舍普夫是如何预想将一条单独的循环走道放置在巨大的交通核与沿窗墙布置的工作站之间的

▽ 首层平面图展示了开放设计的工作站沿窗墙布置,而私人办公室则位于窗户的转角处,或位于循环走道的内侧,与交通核相邻。10英尺(3m)间隔的柱网决定了空间的布局

△ 标准层未经改造之前的景象,展示了10英尺(3m)间隔的柱网在很大程度上决定了布局

但是,艾尔瓦伊雷的人员迁移相当匆忙。由于时间紧迫,公司最终购买了一幢有问题的建筑——20世纪初期建造的六层混凝土建筑,当初作为SRO住宅旅店,地板到地板(不是地板到顶棚)的距离只有9英尺6英寸(2.85m)高,而柱距为10英尺(3m)。换句话说,尽管它位于阁楼区的边缘,但是空间却远不够高耸,尤其对于公司的最高层管理人员来说更是讽刺:公司的首席执行官与首席运营官都有将近7英尺(2.1m)的身高。按照舍普夫的话说,"这座建筑很乏味,简直就是一种梦魇,具有沉闷单调的楼层平面;我们面临的挑战就是要使这3500平方英尺(315m²)的平面显得宽广又高效、有活力,最重要的是工业化",与周围的风格保持一致。

舍普夫通过一系列的思考对话与之后自己的记录与绘图来发展设计。随着不断的进展,平面设计需要根据部门来组织楼层——财政与信贷、客户服务、市场、销售与陈列室——之后将会议室与休息空间放置在顶层。舍普夫对每一个楼层的设计都遵循相同的基本布局,然后再增添一些变化。她将现有的、不能够移动的混凝土柱子作为组织与交通的基本元素,环绕一个包含楼梯与电梯的巨大核心量体进行布局。由于有了这个大尺度的交通核,所以每个楼层仅布置了一条双面走廊,设计小组将舍普夫与卡尼设计的开放办公工作站定位于开窗的外墙面一侧,以利于获得视觉景观。私人办公室设置在室内半透明拉门的背后以利于采光,而隔墙在顶棚处中断,以扩展空间的感觉。通过卡尼专门设计定制的旋转门可以到达转角办公室;与沿循环走道布置的定制滑门相交替,该门都一直延伸到顶棚的高度,从而产生一种垂直的元素。

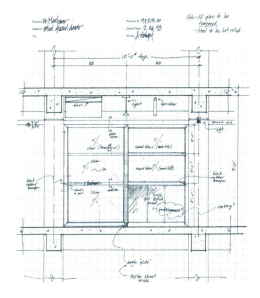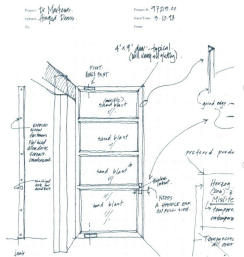

◇ 当舍普夫的图纸交到工业设计师卡尼和项目制造者手中时，它们已经达到了非常详细的程度。各个门扇在高度与五金件上有所变化，转角办公室使用的是旋转门，而沿走道布置的办公室则使用滑门

◇ 工业设计师卡尼的两幅绘图说明了装配接待台的结构细部，由卡尼和建筑师舍普夫共同设计

舍普夫与卡尼将建筑拆除到仅剩下外壳来唤起与周围相协调的工业化环境。混凝土柱子和顶棚进行了喷砂与密封处理，并将有百年历史的鹅卵石与砖材保持裸露。这些色泽丰富的古老的现有元素成为了整个构成中的一个主要元素，这是一个意外的收获。为了进一步体现工业化的视觉特色，设计师们将管路、喷淋线路和机械管道都裸露在外面，并对所有交接与转变的地方都进行了认真的细部处理。在卡尼的设计指导下，利用热轧钢制成桌子、照明设施，还有接待台，利用可以看得见的焊接与五金来强化这座建筑质朴、平凡的式样。就像卡尼坦率地讲道，"我们不得不处理的东西很多，但是我们工作的预算却非常有限。钢材很便宜。"VG冷杉被引用到工作站与接待台中，与坚硬、冷静的材料色调形成对比，因为"我喜欢钢材与木材的混合，"卡尼说。舍普夫为了声学控制在低矮的顶棚上加设了毛毯，硬质表面的工作区与软木地板一起描绘出循环走道。

◇ 设计师们用简单的VG冷杉板将专门设计定制的工作站围合起来，并且对原有的柱子进行了密封处理但没有对其进行什么改动

◇ 建筑师舍普夫与工业设计师卡尼合作设计了转角办公室钢质喷砂门扇凹进的转轴铰链

◇ 主要门厅的景观，背景墙上绘制着多克·马腾斯1460年代模型的壁画。钢材与冷杉制成的接待台是这个空间中的主要元素，并通过设计唤起人们对于产品外观的感受。钢材和木材构成了美妙而又造价低廉的组合

◇ 从主要走道和侧面走道观看私人办公室的两幅画面。办公室由专门设计定制的半透明玻璃推拉门围合，推拉门在顶棚处中断。特别注意将原有的混凝土与暴露的导管、管道作业、喷淋管及包含软木地板在内的其他元素综合在一起。位于大厅一端的转角办公室具有一扇特色的旋转门，一直通达顶棚以获得一些垂直的感觉，同时也是为了产生一些变化

记住它！楼梯/入口

亨茨曼建筑师小组
旧金山，加利福尼亚州

分层的金属板悬吊在楼梯的上方，降低了 20 英尺（6m）的空间尺度感。所选用的材料——塑料、金属与混凝土——表现了现代高技办公室清新而又时尚的工业化外观

　　亨茨曼建筑师小组的设计师们将"记住它！"这个项目称为"将楼梯作为入口的标志。"针对具体的业主与基地状况来说，这样的描述是恰当的。

　　这个项目的业主"记住它！"，是一家计算机培训公司。建筑师为其地下层的办公室设计了一种高技风格的外观，金属装饰、开放式的顶棚与工业化特色——一种现代通讯事业办公室新鲜而又时尚的外观。同时，该建筑的所有者还请亨茨曼的设计师们探讨建造第二个出口的可行性，以便对地下层进行扩建。在设计师们完成了几次研究探讨之后，街道层的一位承租人离开了这座建筑。这个时候，业主与设计师们协商同意在街道层的一小块空间建造主要入口楼梯，这样做会显著提高地下层的价值，从而获得整体上比较高的租金。

　　接下来，所面临的挑战就是要创造一个豪华的楼梯，与地下层的办公室一样反映出高技的美学特性。这个楼梯要在街道层构成视觉感染力——作为一个标志。主要的问题是尺度问题，地下室具有 8 英尺（2.4m）高的顶棚，而入口却高达 20 英尺（6m）。

△ 招牌、照明设备,特别是富有艺术感的水平与垂直元素的相互作用,在大面积窗户后面通红发光,使入口和楼梯在街道层产生了强烈的视觉感染力

业主与设计师们共同选择建造一部楼梯,使之看起来不是实体的而是透明的,一种"漂浮的形态,将参观者们引入室内。"它的外观具有工业化时尚的特性,还要具备一些幽默感以感染年轻人。该项目的设计师蒂姆·墨菲(Tim Murphy)说:"我们的灵感是休息空地中的家具。我们喜爱塑料、闪烁与金属。"

在楼梯的上方悬吊着云状的金属片层,降低了20英尺(6m)的尺度感。由两种塑料组成的夹层结构才包围着楼梯,使它像灯笼一样发光。与众不同的圆形吊灯漂浮在头顶上,就像小行星一般闪烁。楼梯的踢板和踏板都是用地铁格栅制成的。它的外观是高技的、工业化的、时尚却又轮廓分明,足以表现记住它!清新、面向年轻人定位的风格。

楼梯的踏板与踢板都是用地铁格栅制成的

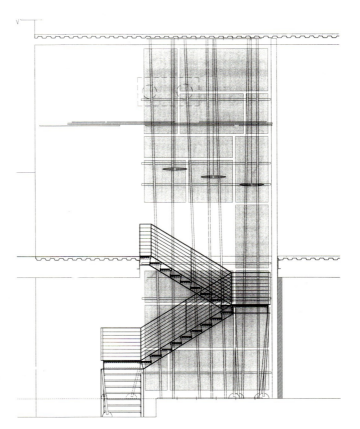

◇ 围合楼梯的板材是用两种塑料组成的夹层结构片制成的。注意其略微倾斜的垂直支撑

◇ 从两种视角生成的楼梯计算机绘图,其中有塑料挡板、灯具以及水平浮动的装饰板

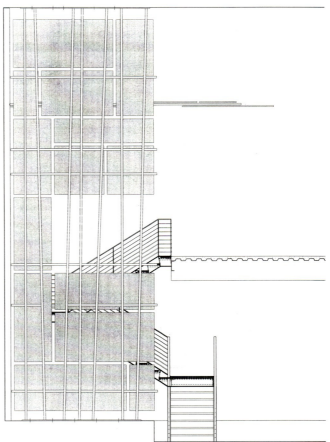

我的车库工作室与办公室

GGLO 建筑师事务所
丹佛,科罗拉多州

位于历史上著名的丹佛地区,"我的车库"(my Garage)是一座建造于 1923 年的三开间砖石结构建筑具有混凝土地板、钢窗和一个由钢质弓弦式桁架支撑的开放弧形顶棚。在对该建筑进行更新改造的过程中,应业主的要求,设计师们循环利用了很多这些形式,甚至再生利用了原来的混凝土、屋顶装饰盖板以及其他一些材料,以尽可能使该建筑保持"绿色"。

在"我的车库"这个项目中,包含艺术家米斯蒂·托德(Misty Todd)与建筑师克莱顿·布赖恩·史密斯(Clayton O'Brien Smith)和唐麦凯(Don Mackay)(都来自西雅图公司 GGLO)在内的设计小组,为一位丹佛的石油巨头将一座古老的汽车维修店转变成了一个活泼的艺术车库与办公室空间。在这一过程中,他们还为班比(Bambi)建造了一个家,班比是这位石油业者古老的气流拖车,在其事业的早期曾在很多钻机基地上使用过的经典拖车。在这个家中,班比拖车、由部分旧油罐制成的几面弧形墙体和一些其他石油工业的人工制品与纪念品看起来相当完备,另外还有一些折衷主义但却很严肃的现代艺术收藏品。此外,这个项目中新的厨房和浴室也表现了与车库和办公区相同的高度离奇的形式。室内空间进行进一步划分,通过一种独立的墙体与中心偏离、带有棱角的构造,将整个空间划分成为办公室、车库、厨房、浴室、接待以及其他一些储藏与设备区。位于中央的开间是最大的量体,保持完全开放——班比在这里靠在一侧占据主要位置——保留出车库的展示空间,而办公室和其他功能性区域则安置于侧面的两个开间中。

穿过车库空间的景观,在通向主要办公区走道两侧的墙上,布置着一对现代作品。在后部,一个古老油罐的断面有助于对办公区起到遮蔽作用。在上方,原有的钢质弓弦式桁架被保留了下来,一个新建的可以开启的天窗有助于空气流通,同时也能够提高人工照明的水平

建于 1923 年,坐落于历史著名的丹佛地区,"我的车库"项目在原始的砖石与玻璃墙体背后,现在是一个艺术车库与办公空间。选择出一部分窗户保持透明以获得室外景观,其他窗户则为了保持私密性而进行了喷砂处理

◎ 主人古老的气流拖车,爱称班比,被倍受尊敬地放置在该建筑中间开放型车库空间的一侧

◎ 舒适、时尚的现代家具与新铺装的木地板,为这位石油业者位于车库一端开间内的办公室带来尺度巨大但却休闲轻松的氛围。可以看到在右侧,一幅古老油罐的断面提供了一个保持私密性的屏障

◎ 在接待区,一张两层、钢质表面的桌子向来访者致意。室内所有主要墙体上都吊挂了主人广泛的现代艺术收藏品

能源保护与创造也是被提倡与鼓励的,使用了多出需求量25%的屋顶隔热与35%的墙体隔热;新建的与再利用的天窗配置了特色的紫外线热反射玻璃来降低照明负担;可以开启的窗户与天窗提供直接对流通风并取代了空调;安置了燃气热水加热设备与换气设备,而且各个空间的分区也做到尽可能减少浪费;另外还使用了低瓦数的灯具与照明控制。在室外景观中选择栽种耐旱植物,将草坪的面积减少到最少,并安装了节水灌溉系统。

在对该建筑的设计发展过程中,建筑师与业主频繁往来接触,试图清晰了解业主所希望的目标,就像这些文献与绘图中所明显展现的。他们的研究覆盖了所有的方面,从这三个开间实现独立功能的方式,到应该保持透明还是要进行喷砂处理的窗户的数量。这些照片提供了表现整个作业过程的证据:班比拖车占据着中央的舞台,我的车库为工作、艺术与娱乐提供了一个大规模尺度、异常有趣的场所,这证明了这些活动与表现形式之间的界限可以并且应该尽可能随时随地保持开放。

◎ 从"油罐墙体"的一端向后,通过走道横穿车库看到那部拖车。带有棱角的与弧形的墙体相互作用,不同的颜色、质感和材料,再加上古怪的艺术作品,在这个空间中创造出了一种生动活泼的视觉动感

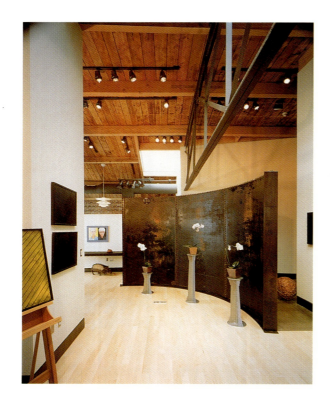

◇ 生锈的古老油罐内表面作为一个屏蔽或是墙体，与最低限艺术家的雕塑造型产生对照。细致优雅的花卉放置在工业化强度的基座顶部，形成了一个精美的对比

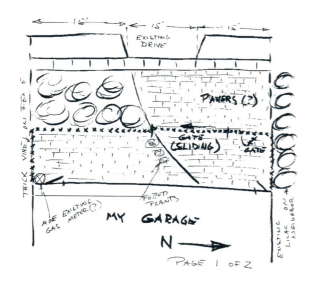
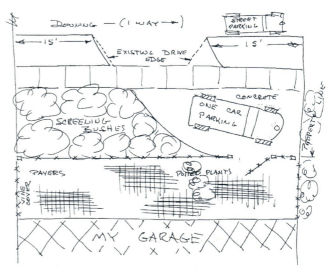

△ 业主两天内发送给建筑师的传真，带有文字注释与绘图，表达了对于建筑前方景观设计的想法

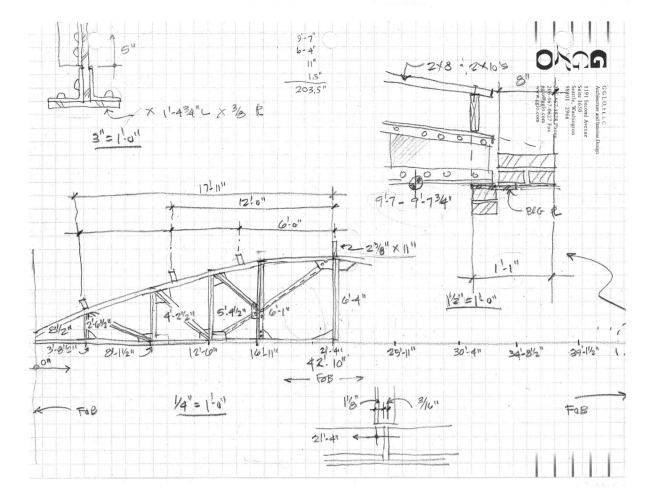

◈ 建筑师对于现有钢质弓弦式桁架的测量与绘制

◈ 建筑师对于正立面玻璃窗构思的两幅绘图,业主对此做出的答复是要求减少一些透明的、可以允许视线穿透的窗户,以提高私密程度与利于光线控制

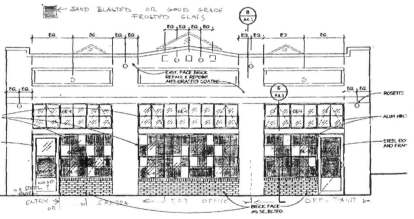

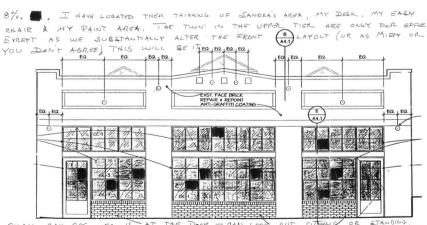

儿童广场公司总部

戴维斯·布罗迪（Davis Brody）设计联盟
锡考克斯（Secaucus），新泽西州

△ 首层平面图展示了在右下角的一比一模型商店区以及右上方的生产小组区

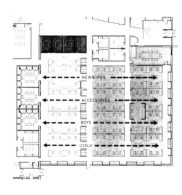

▽ 生产小组区的工作台设计得非常灵活，以鼓励相互之间的交流

对于总部的修复重建来说，设计成为了一种促进这个公司中原本分离的部门之间交流的工具。事实上，这种合作与交流是戴维斯·布罗迪设计联盟为儿童广场公司总部进行室内设计与空间规划背后的关键驱动器。最终完成的方案具有高度的适应性，这一特定产品的概念、发展与市场销售通过灵活可塑的空间可以被谨慎而成功地追踪。

戴维斯·布罗迪设计联盟以新泽西州锡考克斯的一座办公/仓库综合体开始，这里距离市中心的公司所在地10英里远。通过将该建筑的上层空间扩展成为大开间，这座仓库得以修复重建，至少可以容纳350个人，完全满足了公司进入2001年的需求。

一家迅速成长的专营男孩、女孩、新生儿服饰的零售商，以销售可互换的服装与配饰为市场策略中心的儿童广场要创造出一种独特的、协调的外观。于是，公司的领导者们希望有一个工作场所，使他们所有的员工在这里进行密切合作与相互影响——设计师、产品、零售商与市场经营者——并创建并联的生产线。男孩服饰用品部门要获得关于女孩服饰用品部门生产情况的第一手材料等等。

在整个70000平方英尺（6300m²）的建筑物中，对于公司运营关系最重要的场所就是"多小组区"。在这里一系列不同种类的工作区中，布置着每一条项目生产线的设计小组。与他们直接相邻的是市场营销小组的工作区。之后是产品开发小组工作区，在接下来是方案小组办公室。商品销售执行办公室布置在一侧。这样的布局有利于促进设计师之间以及各部门之间的相互联系。

在设计过程中，戴维斯·布罗迪设计联盟与一位工作场所的规划设计专家顾问DEGW紧密配合。DEGW从不同的工作场所空间设计中调查分析了所能得到的益处，并将其定义为洞穴、线索、蜂巢与小房间。建筑师们将广泛的会谈、调查、专题讨论会以及制作精细的模型作为了解空间需求的基础。

这个总部建筑中还包含一个典型零售商店完全的一比一模型，用来为各个生产线以及公司的分配中心开发展示与市场销售战略。

△ 顶图：在员工自助食堂的墙面上，装饰着未来的顾客们的拼集照片

△ 一扇天窗的设置使自然光线照射到自助食堂中

⊙ 一部金属楼梯通向二层自助食堂的延伸部分

⊙ 员工的自助食堂向上延伸到二层，天窗层

⊙ 在自助食堂中楼梯的下方有一个小型的休息区，员工们可以有机会在这里进行放松

◇ 这个设计提供了一些小角落，以供人们在这里比较隐秘地进行思考

◇ 会议室提供了内建的、高技风格的舒适环境

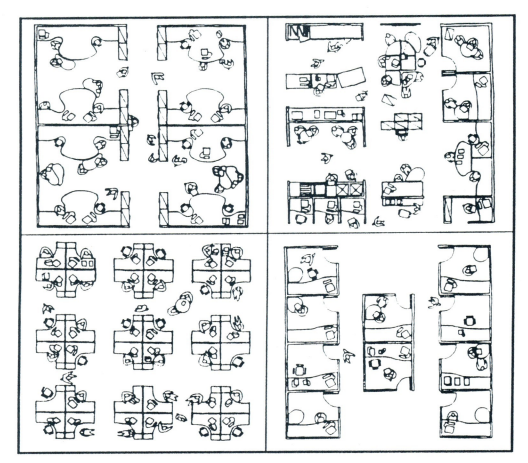
◇ 为儿童广场公司总部绘制的设计规划战略图纸，说明了不同的工作场所被当作巢穴而进行设计

克拉布特里（Crabtree）&伊夫琳（Evelyn）商店

库瓦巴拉·佩因·麦克纳·布伦贝格（Kuwabara Paine Mckenna Blumberg）（KPMB）建筑师事务所
普鲁士，宾夕法尼亚州

△ 位于宾夕法尼亚州普鲁士的一条商业街上，这里所展示的克拉布特里—伊夫琳商店被作为遍及全国一系列商店的设计原型。在这条商业街上，商店正立面从地板一直延伸到顶棚的大面积玻璃增强了它的街道表现力与可见度。有机的、树叶造型的展台、壁龛与橱柜强调了产品的自然属性

△ 为宾夕法尼亚州普鲁士原型商店制作的模型。这个商店拥有一个2400平方英尺（216㎡）的平面图以及从地板一直延伸到顶棚的玻璃正立面。前景中两个巨大的垂直元素起到了入口框景的作用。我们可以明显得看到，在"地板"上有很多组成部分，在设计师们对浮动的展示元素的设计中拥有很多变化

在全美国拥有各种规模的商店设施，克拉布特里—伊夫琳公司现在预见到需要一个灵活的设计原型作为基础，来发展新一代面对年轻却更加老练的顾客具有吸引力的零售批发商店。加拿大的设计公司KPMB开发出了三个不同规模的商店作为建筑模型样本，为克拉布特里&伊夫琳公司选择商店设计提供了一个"配套的部件"。第一家原型商店坐落在维吉尼亚的里士满。

作为尖端的肥皂、洗涤剂和其他与卫生、健康相关产品的供应商，克拉布特里—伊夫琳公司确切地了解他们对商店的每一个部分有什么样的要求，商店中要有专门的区域指定销售肥皂、沐浴化妆品、芳香医疗产品、食品、家庭附属装饰品以及园艺产品。实践证明这个模型设计相当成功，将设计理念直接地传达给了公司总部的市场流通、销售与零售部门的人们。在接下来的发展阶段，这个模型同样证明了能够适应每一个商店基地状况，就像建筑承包商、副承包商与当地设计师，以及建筑师在建造管理的过程中，都将其作为视觉上的参考。

▷ 第一个原型商店模型四个角度的视图，它最终建造在弗吉尼亚的里士满。建筑师们用木材制作了这个 1∶50 的模型，之后让业主们对模型中可以移动的组成部分进行操作变化，以产生出不同的平面图以及商店设施布置方式

  KPMB 的设计师们为位于里士满的第一家原型商店制作了一个 1∶50 的木质模型。这个模型是在多伦多 KPMB 的办公室制造的，之后又被带到在康乃狄格州任德斯托克（Woodstock）的 C&E 公司总部召开的设计评论会议上。由于这个商店模型的组成部分都是可以活动的，因此在模型中配置了不同的候选布局方式并进行了拍照。接下来，C&E 公司的全体员工对所有候选平面进行了讨论，并提出了一些变更意见。设计师们又将模型带回到多伦多，根据业主的要求开发了一些新的元素，并将它们安装到模型中。于是这个"经过修正"的模型就成为了里士满商店的样板。当这个项目完工之后，业主与设计师们都对各方面的外观与运作上的效率进行了分析，以确定在未来的商店设计中应该做如何的改进。

  下一回合的设计包括三个不同规模商店的原型：2400 到 2800 平方英尺（216～252m^2），2000 平方英尺（180m^2），以及 1200 到 1400 平方英尺（108～126m^2）。在每一个模型中，设计师们使用的都是与里士满商店模型相同的配套家具和陈列品，这样可以使业主们看到具有选择性的布局。随后，当每一个商店位置确定下来，业主就会将现有商店的建筑图纸送到 KPMB 进行讨论，而 KPMB 则会迅速为新的基地设计一个新的配置方案。这个方案会被送到业主的公司总部，并在那里用现有的组成部分装配一个新的模型。当地的设计师与总承包商可以将这个模型运用到每一个商店建设中，并可以确保遵循第一个原型商店所确立的风格与建造标准。

包含在第二组原型中的是位于宾夕法尼亚州普鲁士（King of Prussia）一条商业街上，占地2400平方英尺（216m²）的商店。与所有的商店相同，最关键的设计品质就是商店的开放性、温暖以及有魅力的氛围。KPMB负责这个项目方案的建筑师雪莉·布伦贝格（Shirley Blumberg）说："商店的外观要表现出增强了这个零售招牌的核心价值，通过现代风格影响力的设计来吸引比较年轻的顾客群。"在这个商店的设计中，通过正立面贯穿整个高度的玻璃墙面，最大化地强调了其正面的可见性。在内部则创造出了一个相当开放的量体，布置着各种"浮动的商品岛。" 山毛榉家具与枫木地板表现出木材温暖的特性，同时也营造出了一种更加明亮与清新的气氛，能够吸引比较年轻的顾客。符号性的元素包括顶棚上专门设计定制的树叶造型的灯具，以及类似有机造型的展示台、储藏柜与壁龛。

△ 这个商店的室内有山毛榉与枫木制成。位于中央位置的展示台意味着"漂浮"在这个空间当中，可以进行旋转。墙壁设施是固定装配的，这样的布置是为了表现一种"可见的商品销售的层次"。专门设计定制的树叶造型的灯具被用作一种符号性的元素

▽ 后面是高高的展示架以及与茶文化有关的照片和人工制品，商店后部黑色的茶柜台（照片中的左后方），是一个可见的锚固设施

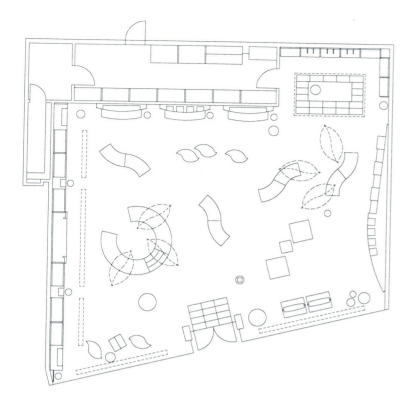

△ 平面图与轴测图展示了这所商店的两种视图，其中描绘出墙壁设施、灵活可动的地面展示设施与灯具。商店周边直线型元素与浮动的展示桌、展示台树叶造型的曲线、圆形，以及专门定制的灯具对比而达到平衡

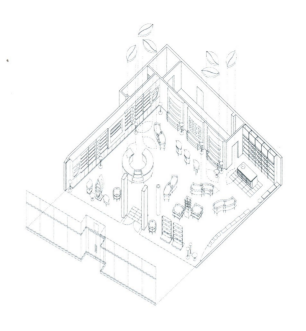

周边的墙体上布置着一系列各具特色的固定展示单元，建筑师说通过这一套造型设计来表达一种"可见的商品销售与表达的层次。"曲线形的收款/包装柜台被轻轻地固定在地板上，而其他的设施则浮动在商店的中心，这样的设计是为了获得可动性与灵活性。窗户上的展示单元就是简单的框架，并且可以随着季节变化而进行调整展示内容。位于商店后部的茶柜台对所有这些灵活可动的组成部分起到了平衡的作用，是一个"高度可见的锚固设施"。它的后面布置着高高的展示架，上面展示着茶文化与相关人工制品的照片。这个黑色的茶柜台为品茶的准备与服务工作设计，通过与整个商店中浮动在空中的展示元素相对比，提高了这个零售商店精致完善的氛围。

△ 轻巧、树叶造型的展示桌配以纤细的金属腿，展现出现代的风格；材料的选择，木材，传达出一种温暖而富有魅力的信息

海湾基地

摩根（L.A.Morgan）
汉堡海湾，康涅狄格州

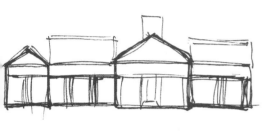

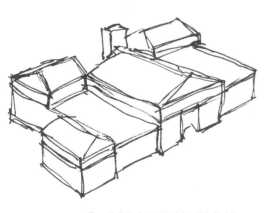

△ 三张草图表现了设计师/所有者对这个商店的概念，在一个19世纪的基础之上进行建造，并包括原有19世纪建筑塑造主要中央阁楼的顶棚。它的形式其他三个阁楼比例与造型设计的灵感，它们与经过改造的原始建筑物通过一对平屋顶的结构体相连

  位于距离纽约市大约100英里的八里河沿岸，海湾基地古董商店几乎一开业就成了众多购买者心中的目的地。这家商店之所以能够成功的一个原因其实就是它的设计：普通却又高雅的木建筑及其节俭明亮的室内环境，由摩根设计（该商店的股东），为这里精美、尖端的古董展示与销售营造了一个完善而极端灵活的舞台。

  这块基地上从前是一座19世纪的建筑，长期以来被各种附加物埋葬在底下，有时会被用作大众商店、加油站、肉店、饮料商店与冷饮柜台。但是，这座建筑物被荒废了将近20年，并于最近被淘汰。由于这座建筑的所处基地很具吸引力而且占地3300平方英尺（297m²），所以摩根选择就在原有建筑的位置上进行新的建造，并且将原来基础的一部分融合到新建筑当中。此外，他还对原来19世纪的顶棚进行了重新利用，这是从前附加的建筑。这个顶棚距离地面有一个半楼层高，包括由不同的树木枝干制成的椽子（还带有树皮）以及宽阔、切割粗糙的板材。尽管这座建筑的其他部分都已年久失修，但这一部分却保留得相当完好。摩根通过拆除二层的楼板而暴露出现有的结构，从而在原有建筑的外壳中拓展出一个宽阔的量体。

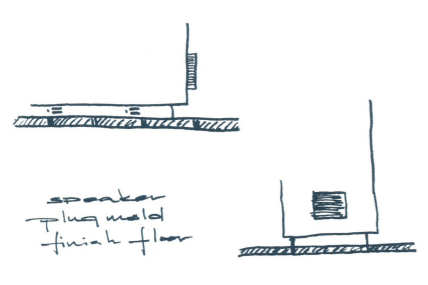

插头模子体系与扬声器的细部详图;设计师努力使他所创造的这个简洁、灵活的空间中尽量减少任何可见的干扰

室外透视图结识出这个设计的简单与纯净。其中最大的阁楼的形式来自于基地上现存的19世纪建筑,之后又重复运用在三个新的阁楼中,它们与主体结构通过两个平屋顶结构体相连

这个量体的比例于是就成了一种样板,规定了这座建筑的设计,其中包括三个相似比例、高顶棚的阁楼,由一对平屋顶的结构体相连。尽管最终形成的平面图是非对称的,但是始终如一的详细描绘建立起一种统一与秩序感。这几个阁楼的位置也是如此,它们都以东西向的轴线为对称,而在南北向的轴线上则是不对称的。

由于这座建筑主要用来陈列从17至20世纪欧洲与亚洲的古董,所以摩根说其室内必须要"能够接纳各种时期与风格的家具和物品。"出于这样的考虑,他创造了很多大小不同的空间,"使得这些艺术品看起来处在适宜比例的空间中。"为了增强这种简单、简洁的空间特性并保持一致性,他在建筑的每一个开口处都设立了一扇从地板一直贯穿到顶棚的小门,而且每一个门厅的宽度都是相同的。在墙体上凹进的插头模子与顶部的挂画线轨道使展品可以悬挂或是插在墙上,而看不到绳索或墙洞。这些特性,可以避免直接从地面上出售商品,并提高了空间的适应性。高度耐久的lpe(一种南美硬木)与瑞典油灰—砂墙为所展示的艺术品提供了一个安静、没有干扰并易于维护的背景。

为那些要花费两个小时或更长时间才能到达商店的顾客考虑，在设计中包含一个完整的厨房，以解决基地中的饮食问题。如果需要的话，整个厨房都可以被隐藏在面板的后面，而且它的外观也与商店保持一致：即使是水槽也是一个安装在作为台面的大理石板上的楔形木箱。在三个阁楼之间有一个室外阳台，在提供娱乐空间的同时也供展出园艺古玩。顾客盥洗室是一个由喷砂玻璃制成的雕塑立方体，它可以使光线渗透进来，同时又能流动与各种空间当中而保持不受打扰的感觉。主要楼层的每一个房间都是对商店顾客开放的；"建筑后面"的空间具有与展示间相同简洁、高雅的外观，而所有的机械及其他系统，从通风管道到灯具开关都被隐藏了起来，以尽量减少视觉上的干扰。

在这所商店各个体量之间穿行是一个变换透视景观的经历，当一个人从一个房间走向另一个房间、从低处走向高处、从狭窄走向开阔，流通循环组织为人们提供了展示商品迷人的小品文。背景是对这一对象完美的补充，它很好的定义了零售商店设计的成功——这是一个超出估计的商业量体。这就是海湾基地自从开业日以来的情况。

△ 这幅图画表达了室内建筑一种严密的感觉，拥有令人愉快的对称比例，丝毫没有杂乱之处。Lpe木地板与瑞典油灰一砂墙为古董展示提供了一个安静的背景，布局产生一种引人注目的效应。墙体基部的插头模子体系消除了线绳的杂乱

▽ 一个壁炉的设置增强了对商店令人愉快的住宅般的接触，由于商店距离纽约市两个小时的路程，因此对于大多数城市顾客来说，来到这里确实是一段辛苦的经历。在建筑墙面上所有的开口都采用相同的尺寸，增强了整体感与适宜的比例

盥洗室与商店用半透明的喷砂玻璃墙体隔离,在保持私密性的同时又能让光线照射进来。由于商店位置比较偏僻,大多数顾客要行驶100多英里从纽约来到这里,所以所有者/设计师在商店中布置了一个盥洗室与厨房

所有者/设计师摩根在这家商店中为他自己创建的阳光充足的办公室

奥古斯都护卫犬在海湾基地的门厅中发现了一个它喜欢的阳光充足的地方。注意墙体与顶棚并没有完全接触——二者之间的缝隙被用作悬挂图画的轨道

吉恩·华雷斯（Gene Juarez）沙龙

NBBJ
西雅图，华盛顿

△ 玻璃墙体普通却最主要的功能就是将足疗区同其他沙龙与温泉隔离开，因为美甲用品具有强烈的味道

一个美化人的设计本身也投影该应该是美丽的，在这样一个工作的前提之下，NBBJ构思了一系列温暖、绚丽多彩的迷人空间，每一个空间是沙龙与温泉体验的专业化单元。坐落在西雅图市中心一座保守的现代主义建筑中，这个日间开放的温泉/沙龙为顾客们提供了一个宁静、令人宽慰的场所，NBBJ室内设计小组设计师雷西亚·苏切卡说，这是一个"塑造美丽的地方，任何一个地方的细部都细致而高雅。"然而，华雷斯温泉还不仅仅是一个构思出色的场所：很长一段时间，苏切卡都是一个研究设计历史的认真的学生，对一种叫做科斯马提（cosmati）的罗马地板瓷砖有着特殊的兴趣，这是一种从9世纪到13世纪十分流行的式样。

在华雷斯温泉的等候区与零售区，可以明显地看到苏切卡对从那个时期无数罗马教堂中发现的使人入神的地板图案的解释，它们的比例与空间大小以及顶棚的高度相匹配。就像苏切卡所说的："我一直都很喜欢古罗马教堂的地板。在一个简单的量体中，你看到的是地板。当人们在一个场所当中行进的时候，他们不会往上看，他们都是往下看。地板是非常重要的。"在这个清新、现代设施的顾客当中，没有多少人会认识到地板设计灵感的源泉，但是没有关系：这项设计将古老的影响与崭新的室内空间完美而巧妙地结合在一起，营造出永恒的美的空间。

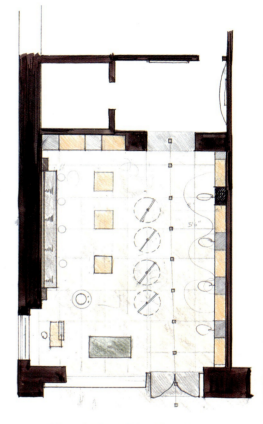

△ 设计师们对首层平面尝试了几种不同的布局

△ 该图展示了温泉中一处水的特写的平面配置图

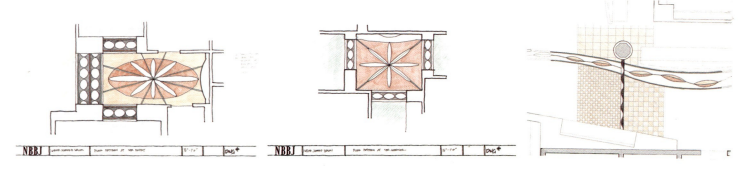

△ 彩色绘图描绘了沙龙地板不同的区块，其创作灵感来自于一种叫做科斯马提（cosmati）的古老的欧洲地板工艺

▽ 街道层平面图展示了零售商店位于建筑的一角。上层是沙龙和温泉。曲线形的墙体定义出从车库/电梯进入室内的走道

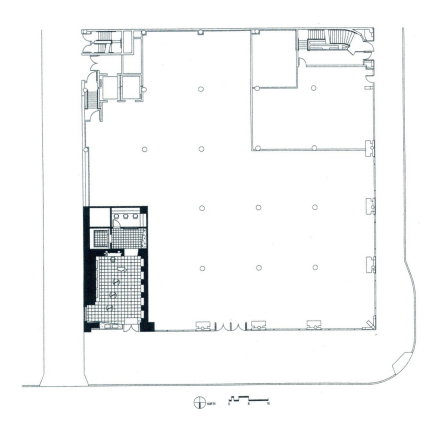

几何图案造型的地板为一系列各有特色的空间体验奠定了基调，从位于街道层平面的零售区开始，装饰有手工粉饰的室内墙面、石灰华大理石地板以及用来摆放温泉产品的深色木搁置架。玻璃搁置架与抽屉用来展示美发用品，而旋转青铜框架板则用来放映沙龙服务广告的幻灯片。

街道层作为一个明显的主要入口，将顾客们引入接待与零售空间以及电梯，通过电梯再将顾客们带入沙龙的主要楼层，但是有很多顾客是通过车库第二个入口来到这里的。为了使从车库到温泉和沙龙空间这段路程更富吸引力（同时也有助于将美甲区与其他的空间分隔开，因为指甲抛光过程会产生强烈的气味），设计师们建造了一个 55 英尺（16.5m）长，弯曲曲线、人工铸型的玻璃墙体来定义走廊。苏切卡将这一元素的创作灵感归功于艺术家安迪·戈德沃西（Andy Goldworthy）半透明、逐渐消失的雪雕。营造出

◇ 小巧、专门设计定制的桌子用来展示高雅的组成产品，首层零售商店的特色在于木搁架与玻璃搁架系统都嵌入手工装饰的塑性墙体当中。大理石地板增加了另一个向度的丰富感

一种灵妙、朦胧的氛围，这面墙体通过光与影的视觉舞蹈引导着顾客；一旦进入其中，顾客们在设计得像起居室一样的等候区得到放松，这里有铸石壁炉、木搁置架、温暖的灯光以及为烘托住宅式感染力而挑选的艺术品与装饰物。

在入口、治疗室走廊的终端以及等候区，苏切卡专门设置了三个独特的水的特写，以创造一种宽慰柔和的声音，来强化温泉的感受。治疗室铺设着特色的竹地板，手工涂饰的墙面上装饰着植物的主题，在墙上有一些雕刻出来的小壁龛用来摆放装饰品。

△ 设计师们创造了三个独特的水的特写并装备了壁炉，以增强温泉视觉上的丰富感，以及产生柔和的声响

▽ 布置着定制的家具、壁炉和精美的艺术品与装饰品，温泉等候区为顾客们提供了一种平静而华丽的住宅式的体验。地板图案的设计灵感来自于设计师雷西亚·苏切卡曾在欧洲学习的，一种叫做科斯马提的9世纪——13世纪的地板式样

△ 在发展推敲搁置架与展示系统、广告展示板以及其他组成部分的过程中，设计师们绘制了无数的零售商店室内景观效果图

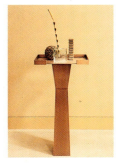

△ 设计师苏切卡为零售商店创造了一系列定制的展示台

▽ 治疗室的特色在于多种颜色与质感，为不同种类的治疗营造出不同的氛围

美发沙龙的墙壁是由纺织物制成的，形成一个柔软而温柔的环抱——另外还可以随季节变化而进行变换，增强了戏剧化的外观感受。就像是苏切卡所说的："来到沙龙就是一种改变，就像是剧院，所以我们设置了可以随季节进行变化的墙，比如说款式。"每个房间的地板颜色也都各不相同，以迎合不同顾客的口味。定制的家具以及用纺织物包裹的照明设施增强了不同空间中视觉与触觉吸引力。用玻璃架切割有特色的木材，而工艺技术区则利用不锈钢与塑料层压制品的高技外观来反映其功能。

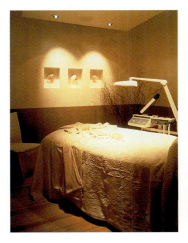

△ 瓷砖地板的创作灵感来源于一种从 9 世纪到 13 世纪流行于罗马帝国晚期的式样，叫做科斯马提

家庭生育计划金色大门诊疗所
（planned parenthood golden gate clinics）

富热龙建筑师事务所
奥克兰，加利福尼亚州

反对人为选择的狂热分子的炸弹与射击事件随时都有可能发生，要面对从被动到强烈的经常存在的危险，美国的家庭生育计划诊所产生了一套与普通医疗健康设施相不同的设计问题。除了普通的医学问题，在这个提供生育控制咨询与人工流产服务的诊所中，安全保证也成为了一个主要的问题。然而当家庭生育计划金色大门诊所的营业者们将诊所设置在低收入、人种混杂的南部奥克兰地区，并选择在他们5000平方英尺（450m²）的设施中提高安全标准的时候，他们就决定了要同时提高诊所的舒适性与美学性能。

特雷瑟·威尔逊（Therese Wilson），市场与公共事业分会副会长，将这个项目委任给了建筑师玛格丽特·富热龙（Margaret Fougeron）负责并进行了合作。除了要确定低造价的板材屏蔽、设置明亮色彩的新座椅以振奋室内空间的气氛、创建一种新的图解设计来取代张贴纸张的杂乱以外，富热龙（一位支持人为选择权利的信徒）还不得不为接待区寻找一种不太富有魅力——而且还相当昂贵——的材料，比如说防弹材料。人们对于最近刷新的诊所的反应相当积极——正因为如此，所以诊所的领导们看到了对一个更大空间

△ 设计师们在接待台的前方设置了防弹玻璃以保证安全

△ 在新伊斯特门特（Eastmont）诊所的一间
▷ 等候室里，钢框架糯米纸板、天窗以及舒适却造价低廉的家具营造出一种温暖、安静、友善的氛围

伊斯特门特诊所的平面图，接待/等候区位于右下方。基本的平面呈U字形，布置有办公室、检查室与咨询室，可以通过走廊到达。在左上方，走廊墙壁一段弧形的部分为工作人员与患者们提供了一个就坐休息的小空间

的需求。他们从这个运作了15年的设施中迁移到了一个商业街上7000平方英尺（630m²）的新场所，并且雇佣富热龙，他现在的职务是家庭计划委员会加盟建筑师，来设计新的诊所。

为了帮助患者们减轻有关于家庭生育计划精神上的负担，新的诊所为患者们提供了一个温暖、明亮与安静的气氛，通过以斜轴支撑的天窗以及镶嵌于天窗上的彩色喷砂玻璃，这个诊所都沐浴在自然光线中。在家庭生育计划诊所中，私密性是又一个重要的问题；在这里，设计师们对诊所临街的玻璃进行了喷砂处理，在保证私密性的同时又能保持开放与通透的感觉。楼层平面呈U字形，包含八间检查室、三个护理站、两间办公室、两间咨询室以及员工休息区，分别布置在周边以及U字形核心的循环走道上。诊所的入口和等候区铺装了易于维护保养的密封软木地砖，并且还为诊所的患者提供了他们迫切需要的舒适的儿童游戏区——这是一个由钢框架糯米纸板限定，内部填充聚碳酸酯的空间。建筑师通过一侧走廊墙壁的弧线增加了又一个活泼的元素，这里被涂刷成红色，并为患者与员工们设置了非正式的座椅。富热龙还为诊所发展了新的图解设计，并创造了一个支架体系，这样工作人员就可以将通知粘贴在等候室墙壁上有铰链的支架上了。

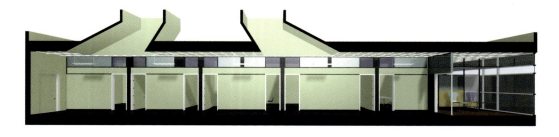

◇ 立面图展示了诊所是如何
◇ 通过一对陡峭的斜天窗而
　获得阳光的

除了按照常规方式雇佣一名警卫并安装了金属检测器与锁具，金色大门诊所（Golden Gate clinic）的营业者们还要求富热龙在诊所内部设计并建造安全防护设施。很清楚，是医生、护士和工作人员面临着暴力事件的威胁而不是患者，因此设计师们在接待窗口上安装了防弹层压玻璃，并在上面开了一个半英寸的小洞来传播声音。到达治疗室要通过带有电子锁的房门，并且还配备了蜂鸣器装置。

从照片上我们可以明显地看出，新诊所与原有诊所的设计正像所希望的那样，在为来到这里的低收入患者们处理家庭生育计划通常会面临的痛苦与困难问题的同时，帮助他们获得一种体面、舒适而得到尊重的感觉。

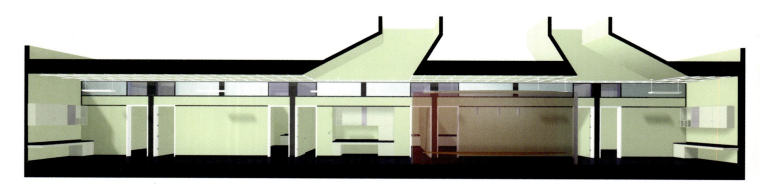

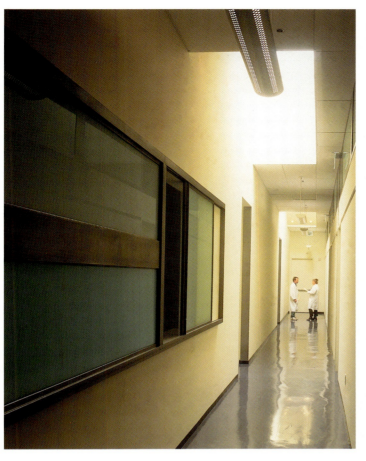

◇ 该诊所的环境是温暖、明亮、安静与
◇ 高度安全的

阿拉梅达（Alameda）县自给中心

迈克尔·威利斯建筑师事务所
奥克兰，加利福尼亚州

△ 福利接受者所面对的是一个令人愉快的、充满阳光的接待区

▽ 在就业服务入口区的圆形大厅中，自然光线通过天窗洒落下来

一个表达出乐观主义与高贵尊严的室内空间能够提高调动福利接受者的精神状态，而大多数福利办公室却都是沉闷而破旧的场所。加利福尼亚阿拉梅达县自给中心的原型则不是这样。由迈克尔·威利斯设计，这个中心的各个办公室都散发着热情，是一个充满阳光的"城市广场"。

考虑到最近的福利改革，阿拉梅达县计划将要设立一系列自给中心，以帮助那些接受社会福利的人们重新回到工作岗位。每一个中心都坐落在公交车站附近，提供广泛的援助服务内容。该机构的原型由迈克尔·威利斯设计，位于市中心伊斯特门特，这里从前是伊斯特门特商业街，县政府已经在这里修建了一座健康诊疗所，并联合当地的零售商与非赢利性质的组织一起复兴商店以及其他设施。

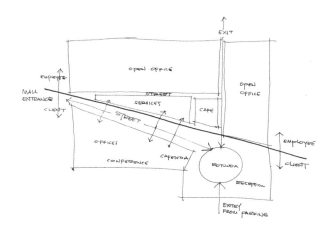

该县获得了一个原来的部门商店作为中心，其室内空间只能获得少量的自然光线。为了提高室内空间的明亮程度，建筑师将主要接待区与儿童看护区朝向一个室外庭院布置，这是原来部门商店的花园中心。靠近该建筑中央的一个圆形大厅被用作"城市广场"，是为顾客提供业务服务的主要室内组织设施。一个光线控制器负责圆形大厅的照明，将停车场或商业街上的顾客们吸引到室内。用于咨询与服务的私人办公室就安排在这里，例如"穿上礼服获得成功"咨询室。为顾客准备的空间还包括一个自助食堂、计算机与电话组，还有为训练、咨询以及与潜在职员会面的会议室。

县工人区位于与顾客服务相邻的一个安全的地方。一系列大型的"街道"用来组织空间，并产生视觉上的情趣。在这些街道的交点处是员工自己的"城市广场"，或者是休息室，可以用来召开大型会议。在必要的时候，一扇简单的车库门可以将这个空间分隔成比较小的会议室。沿街道设置的弧形墙面有助于形成员工办公室富有动感的特性。

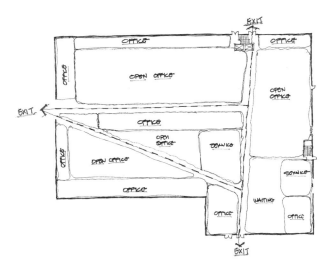

△ 初期与最终的楼层平面图，表现了建筑师对于在中心内部从接待门
▽ 厅建立一条清晰通道的关注

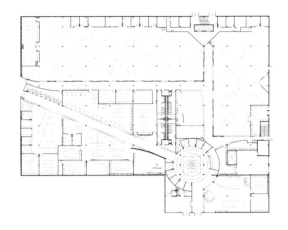

◁ 一个分离出来的自助食堂为该县的职员提供饮食

◁ 建筑师为"城市广场"所描绘的概念性草图

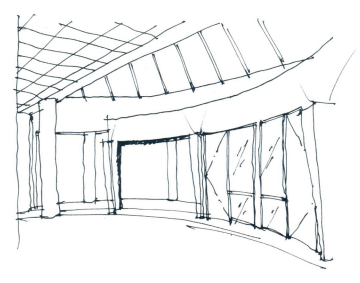

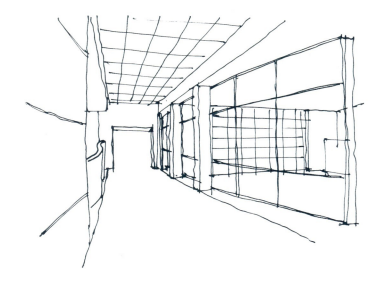

◇ 顾客自助食堂为顾客们提供了一个志趣相投而又具有半私密性的用餐空间

◇ 从入口看向圆形大厅的景象,揭示出建筑师对于大胆的、几何造型的运用

◇ 日间看护所是为接受帮助的福利领取者的孩子们所设立的

◇ 顾客电话组提供了私密性

◇ 协助服务设施中一个令人愉快的入口接待区

瑞典科韦南特（Covenant）医院

伊娃·马多克斯（Eva Maddox）设计联盟；唐奈（O'Donnell），维克隆德（Wicklund），皮戈齐（Pigozzi）& 帕特森（Patterson），雷科德（Record）的建筑师
芝加哥，伊利诺伊州

○ 伊娃·马多克斯设计联盟将对瑞典式设计图案的评论作为医院室内的初期研究

○ 此外，设计小组还对文化丰富的象征与方案进行探索，与医院员工和患者的机构组成相匹配

符号语言与象征主义成为了解决顾客们相互抵触的兴趣的工具。这所医院希望在传递其基督教、瑞典文化遗产的同时，将自身设计成一个文化丰富的社区看护中心。伊娃·马多克斯设计联盟通过所建立起来的"图案"的方法来解决这个问题，并创建出了一个令人愉快的、对使用者友善的建筑综合体，包括对患者们身体、心理和精神上疾病的治愈。

伊娃·马多克斯设计联盟受雇对这个185000平方英尺（16650m²）的保健综合体中12500平方英尺（11250m²）的面积进行升级改造。该中心提供门诊病人癌症治疗、外科手术以及家庭药物治疗服务。通过"图案"，伊娃·马多克斯以"对所有特定方案的性质进行评估，并在一个已有的空间框架中，涵盖与顾客身份特性相关的记忆图案"作为开始。

对于瑞典科韦南特医院来说，广泛的调查研究揭示出了在室内营造出斯堪的纳维亚式风味的特性。材料，例如石材、纺织纤维与木材。在瑞典建筑中广泛运用的砌砖结构被应用在室外，同时又在室内大厅、电梯组、休息室与楼梯井中得到再现。色彩来自于瑞典国旗的颜色：蓝色和黄色在整个室内空间都得到运用。淡黄色的木材与斯堪的纳维亚式的家具融为一体。

1ST FLOOR COLOR DISTRIBUTION PLAN

◇ 从首层平面图上可以看出，首层办公室与部门由中央圆形大厅向外辐射布置

◇ 首层圆形大厅的细部详图展示了地板上的象征性符号，其主要色调为瑞典式的蓝色和黄色

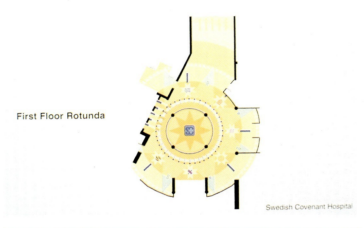

室内占主体地位的是一个圆形的图案，它最先出现在宏伟的圆形大厅当中。圆形意味着传递基督教文化遗产，并且还象征着"生活的连续性"。在平面的其他地方也有这种圆形图案的重复运用，但尺度比较小。该医院位于一个多文化的城市芝加哥，其员工与患者讲着30种不同的语言。因此，为了迎合这种多语言的文化，设计师将图形象征的运用扩展到路径指示与信号上。绘制螺旋、星形、波浪、菱形以及更多的图形，这些符号可以被翻译成风、雨和水。它们引导着整个医院的来访者。

总的来说，室内升级与图形组成仅包含了计划预算造价4千万美元的0.5%。

◇ 整个地板上的路径指示与信号系统是一致的

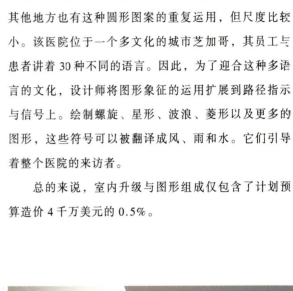

◇ 温暖的白光照射着圆形大厅的上层空间

◇ 从上方鸟瞰到的圆形大厅。中点的设计是瑞典科韦南特的公司标志字母组合，倒置的惊叹号与锯齿形的围栏是来自于斯堪的纳维亚式纺织物上的装饰性图案。星形内部螺旋图案表示生命力

◇ 布置有上文提到过的地板图案的圆形大厅模型

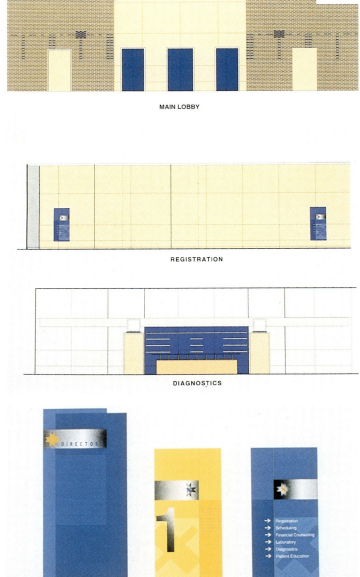

△ 除圆形大厅地板之外，其他地板上使用的符号

▽ 主要门厅、登记与诊断区的立面图

◇ 圆形大厅的照片，其内部所有的元素都处在适当的位置

◇ 患者登记区的景象。地板上蓝色的条状装饰是引导通向信息中心的方向指示器

◇ 二层，外科手术恢复区

◇ 信号系统的范例

塞拉（Serra）神父天主教堂

马丁（A.C. Martin）与合作者们
卡马里奥（Camarillo），加利福尼亚州

教堂综合体的外观，位于前景的是八角形的圣殿建筑。该建筑造型汲取了来自于犹太教、美国本土以及西班牙殖民地的建筑传统

简约、立体派特性的建筑具有一个现代的外观，但是其厚重的墙体又与传统的西南部/西班牙土坯建筑造型相一致

摈弃天主教堂传统的建筑形式，马丁与合作者们在设计塞拉神父天主教堂的时候求助于无数的感应与影响因素。在教堂设计中汇集多种文化的、礼拜式的以及历史的传统，使教堂能够服务于所有必要的功能；然而，在组织精神体验方面，巧妙地灌输权威的神秘感还是一个根本的要素。

以200多年前沿着加利福尼亚海岸建立天主教团体的神父命名，塞拉神父天主教堂坐落在卡马里奥（一个位于洛杉矶北部迅速发展的农业小城），它不仅汲取了西班牙殖民影响下圣父塞拉神学院的设计，还吸取了犹太信仰的礼拜式建筑风格以及美国本土建筑设计。就像建筑师戴维·马丁（David Martin）所解释的："这个对称造型平面的产生是受古老的犹太寺庙八角形平面的启发。"占地将近12英亩，其中三面都被大型农场所包围，这个教堂综合体被设计成为一个隐喻的村庄，其中心环绕着一个地中海风格的庭院，用作教堂活动前后的集会场所。为了缓和加利福尼亚通常十分强烈的阳光，这个教堂的开窗尺度都非常小，而一个比较大的开口则处于室外橄榄树的遮蔽之下。

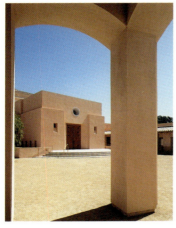 

△ 教堂入口面对着一个地中海风格的庭院，用作教堂活动前后的一个室外集会场所

△ 从教堂室内穿过庭院看到钟塔，这是一个传统的西班牙风格符号，其红色的瓦顶起到了强化的作用

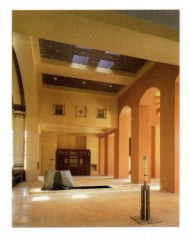 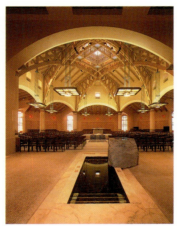

△ 圣坛侧面的景象，其上方是布满繁星的夜空图画——天堂，这是接受洗礼后首先看到的景象

△ 从圣坛上方看到圣殿内部的景象。圣坛被布置在中央，位于穹顶由木框架支撑的天窗下方。巨大、宗教形式的枝形吊灯有助于降低空间高度感的同时也增强了室内的亮度。设置在中央的圣坛使主持者与信徒们有了比较亲近的接触——这样的布局形式来源于梵蒂冈二世的指导方针，该方针使教堂变得不再那么正式而比较容易接近

这个教堂所有的基础都是依据传统建造的，因此圣殿的室内空间表现出比较现代的面貌，最主要是受到梵蒂冈二世强调信徒参与的指导方针的影响。正是梵蒂冈二世开创了允许群众使用本土语言参加典礼的先河，这使教堂会众与神职人员之间的关系变得不再那么正式了——使主持者，也就是教堂的代表，更加容易接近了。在塞拉教堂，这一理念是通过布局实现的。将圣坛置于圣殿的中央一个带有天窗的穹顶之下，而不是放在前面。这样的布局使信徒们可以来到圣坛的四周，与主持者相距不超过 40 英尺（12m）。圣坛位于洗礼盘与前廊的轴线上。

从入口进来是前廊或集会场所，主要轴线穿过一段双排的柱列，经过洗礼盘，一直通向圣坛。在圣坛的上方，是一幅布满繁星的夜空绘画——天堂——成为人们接受洗礼之后看到的第一个景象。圣坛由七吨加利福尼亚花岗石建造而成，并通过一个 16 英尺（48m）见方，由交叉木拱支撑的天窗采光。戏剧的点光源在必要的时候可以提高太阳光的光照效果。枝状吊灯除了作为装饰与光源，还有助于降低顶棚的高度感。

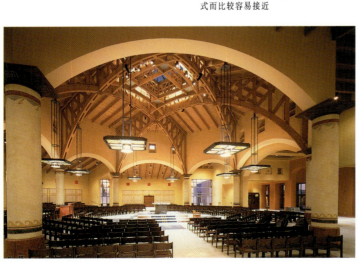

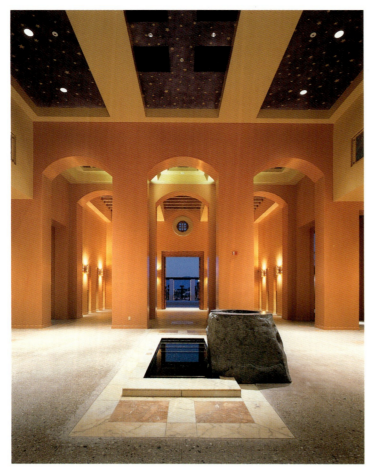

△ 穿过圣坛看到前廊, 或由粗大的柱子支撑的入口的景象

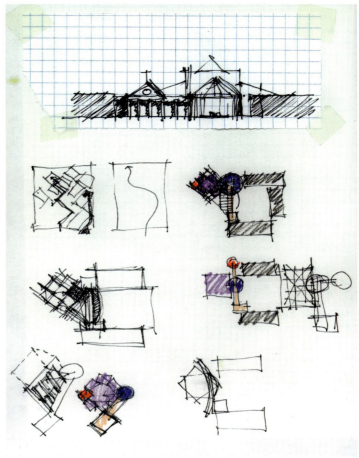

△ 对楼层平面及立面图进行推敲所绘制的黑白图与彩色图

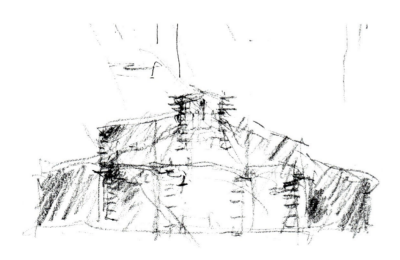

△ 该建筑粗糙的初期草图

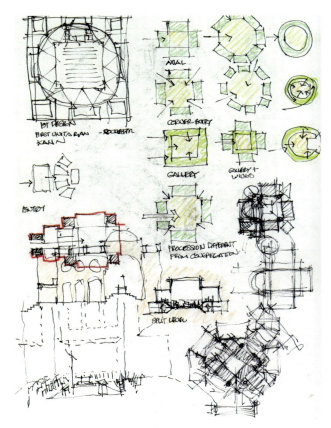

▲ 对楼层平面图以及室内各区块进行推敲所绘制的黑白图与彩色图

▲ 对洗礼盘的研究

▽ 对圣殿及其他室内元素的研究

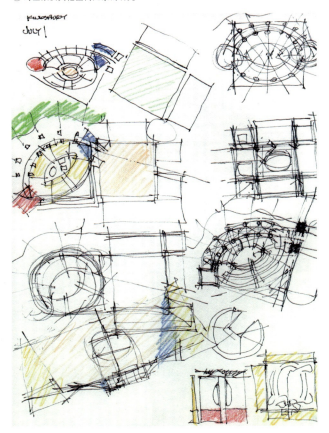

大学宿舍，纽约大学

戴维斯·布罗迪设计联盟
纽约市，纽约州

△ 一个半透明的玻璃墙体将备餐间与两个楼层的餐厅分隔开来

▽ 倾斜、拉力结构的天窗使充足的自然光线进入到餐厅内部，掩饰了餐厅处于没有开窗的地下室的位置

纽约大学急需建造学生宿舍，但是又希望该宿舍能够比典型的宿舍空间更加高级与先进。同样，位置也是一个挑战——这块基地位于城市联合广场附近的一条交通干线上，是一个"特殊"的地方，有着特定的区域性要求。克服了所有这些障碍，戴维斯·布罗迪联盟的大学宿舍设计得非常成功，以至于在每个学期末，校方都要求学生们离开这里，而在城市的其他地方另外寻找住处。但是曼哈顿的房价相当昂贵，学生们要想再找到这样品质的住处几乎是不可能的。

以提供一个"温暖而时尚"的场所为目标，使学生们与教职员工在居住的同时还能够参加一些非正式的社会活动。这座200000平方英尺（18000m^2）的U字型塔楼中包含很多公共文娱康乐场所，比如说一个休息室和若干练习室、图书馆、娱乐设施以及餐厅。在这座20层的建筑中大多数公寓是四人间的套房，每套包括两间卧室、厨房、浴室和起居室。为了调节室内的气氛，在公共用房与公共空间都选用了暖色调耐久性的材料，包括水磨石地板、侏罗石与枫木墙面、不锈钢以及玻璃。

◎ 通过一部水磨石楼梯向下来到充满阳光的咖啡厅，学生们在这里悠闲地进餐

◎ 位于一层的咖啡吧面对普通公众与学生们开放

◎ 为了保持街道布置零售商店的定位，建筑首层咖啡厅与书店通过一个开放的雨篷作为标志。建筑的 2~14 层预制混凝土表面上具有不同的开窗与突出的阳台，对立面进行了有趣的分割。余下的楼层向后退缩，在必需的女儿墙以上设置玻璃与金属帷幕墙，它会在夜晚发光

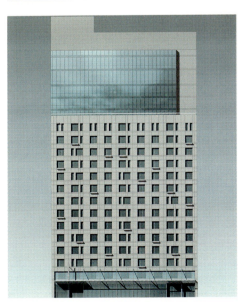

最独特的空间是两个楼层的餐厅，其顶部覆盖着一个倾斜的、拉力结构的天窗。自助食堂是一个充满阳光和欢迎气氛的空间，在它的两侧环绕着一个景观花园，尽管事实上花园位于食堂下面的一楼楼层。这个空间还可以用作特殊的职能，例如宴会、会议与接待。一个半透明的玻璃墙体将备餐间与主要用餐空间分隔开来。

按照当地分区托管的要求，在街道层要安排零售活动。建筑师通过增设了咖啡厅与书店店面解决了这个问题，这样做使该建筑能够面向公众开放，更增强了它与周围的亲和力。室外精心设计的比例与细部使该建筑拥有了独特的外观，而同时又保持着与周围环境整体风格的一致性。

◁ 在餐厅的两侧布置着景观花园

◇ 半透明的玻璃墙对餐厅起到视觉屏蔽的作用

芝加哥州立大学学生会建筑

约翰（John）& 李（Lee）建筑师事务所，联合建筑师
芝加哥，伊利诺伊州

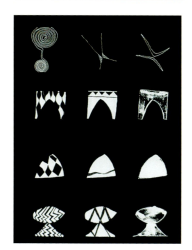

△ 为学生会建筑调查的"图案"的来源。大多数标志性符号都是在纺织品与雕刻品中发现的

一座高等学府的少数民族机构，芝加哥州立大学庆祝其种族特点、自豪感与传统——并希望将其描绘在新的学生会建筑当中。多洛雷斯·克罗斯（Dolores Cross）博士领导的学院于是求助于伊娃·马多克斯设计联盟，创建一个友善的中央聚集场所，学生与教职工们可以在这里学习与集会。其目的就是"在视觉上将大学与其特殊的特性联系起来。"天窗、两个楼层高的圆形大厅，事实上，它已经成为了161英亩校园中心的一个生动而有力的标志象征。

该中心锥形、用钢材与玻璃制成的中厅屋顶巧妙地唤起人们对于非洲传统茅草民居的回忆。而且，其室内空间充满了象征主义的手法。该小组创作出这样的设计并不奇怪，因为伊娃·马多克斯特别看到了"一个建筑的内部与隐喻的共鸣之间结合的必要。"在这个62000平方英尺（5580m²）的学生中心，伊娃·马多克斯设计联盟通过使用神学与哲学上的格言将过

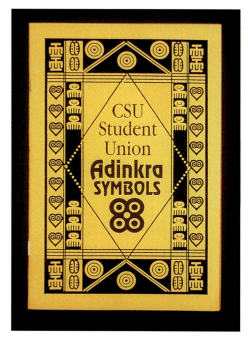

△ 设计师们依靠来自于古老迦纳的阿迪克洛符号来进行他们的研究

◇ 可能的地板图案草图
◇ 运用在自助食堂的符号草图

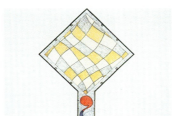

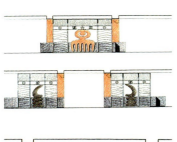

◇ 门厅与休息室入口草图

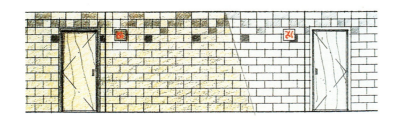

去与现在联系起来。这些取自古老的迦纳纺织品或柯迪克洛（Adinkra）雕刻品上的格言被视为绘画图案——研究员们发现了 20 种不同的图形来表示种族特点、自豪感、传统以及这个场所对于 9000 CSU 学生的意义。他们选择那些可以逐字移印到墙壁、地板上的图案，或是进行摘录与改编以用作学校的宣传与教材。

通过在传统的或是非洲房屋建筑形式上铺设砖块来解释阿迪克洛图形。一些图形被安插在水磨石地板上，还有的被绘制在金属间隔物上，而这些金属间隔本身就被塑造成了阿迪克洛的造型。用于遮挡视线的布告板以及办公室工作站隔墙上的结构由黑白两色棉泥织物组成。

位于校园中心获得巨大成功的、装饰生动鲜明的学生会建筑是学生与教职工们演出、演讲、展览与进行社会、学术活动的场所，并且正处于马丁·路德·金运动的立场上。

◇ 圆形大厅的水磨石地板——在装饰施工过程中

◇ 圆形大厅的室内结构展示了建筑师哈里·韦斯（Harry Weese）与约翰&李的作品，其重点在于楼梯、柱子、桁架结构以及带有天窗的锥形屋顶。符号性质的地板图案是从阿迪克洛标志中抽象出来的

◇ 餐厅中带有阿迪克洛符号的着色金属作为从地板贯穿至顶棚的格栅的一部分。占主导地位的图形是女权主义的象征,爱与工作在这个社团中交织在一起

◇ 办公室的景观,布置着以非洲素材为核心图案的材料制造的沙发以及泥织物工作站隔墙

◇ 在自助食堂的这一部分中,主要的金属格栅是准备要称做臂膀的符号

◇ 锥形屋顶的设计是为了反映非洲本土茅草民居的式样

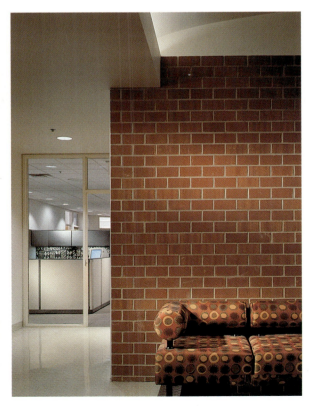

公司名录

Randy Brown Architects
6704 Dodge St.
Omaha, Nebraska 68132
Phone: 402-551-7097
fax 402-551-2033
Randy Brown Studio/Residence
Broadmoor Development

Carr Design Group
49 Exhibition Street
Melbourne, Victoria 3000
Australia
Phone: 613-9654-8692
fax 613-9650-5002
Santos SAOABU Headquarters

**Caruzzo Rancati Riva
Architetti Associati**
Via Pergolesi, 2
20124 Milan, Italy
Phone: 02-6671-3092 or
02-6671-3-70
fax 02-6749-0566
Protti Apartment
Ghais Apartment

Cecconi Simone Inc.
1335 Dudas Street, West
Toronto, Ontario
Canada M6J 1Y3
Phone: 416-588-5900
fax 416-462-2577
Modern Living Space
Private Office

Davis Brody Bond
315 Hudson Street
New York, New York 10013
Phone: 212-633-4700
fax 212-633-4762
The Children's Place
  Headquarters
University Hall,
  New York University

Di Leonardo International
2350 Post Road, Suite 1
Warwick, Rhode Island
02886-2242
Phone: 401-732-2900
fax 401-732-5315
Chelsea Millennium Hotel
Le Merigot Beach Hotel & Spa

Mary Douglas Drysdale Design
1733 Connecticut Avenue, NW
Washington, DC 20009
Phone: 202-588-0700
Pennsylvania Farm House

Steven Ehrlich Architects
10865 Washington Blvd.
Culver City, California 90232
Phone: 310-838-9700
fax 310-838-9737
Woods Residence
Ten8Sixty-Five Architects' Office

Faulding Architects/F2Design
11 East 22nd Street
New York, New York 10010
Phone: 212-253-1513
fax 212-253-9711
Townhouse R

Fougeron Architects
3537 21st Street
San Francisco, California 94114
Phone: 415-641-5744
fax 415-282-6434
Kuhling/Wilcox Residence
Planned Parenthood
  Golden Gate Clinics

**GGLO Architecture
and Interior Design**
1191 Second Avenue, Suite 1650
Seattle, Washington 98101-3426
Phone: 206-467-6828
fax 206-467-0627
Gaylord Residence Remodel
Grinstein Residence
  Bathroom Remodel
My Garage & Studio

**Hodgetts + Fung Design
Associates**
5837 Adams Blvd.
Culver City, California 90232
Phone: 323-937-2150
fax 323-937-2151
American Cinematheque
  at the Egyptian Theater

Huntsman Architectural Group
465 California Street, Suite 1000
San Francisco, California 94104
Phone: 415-394-1212
fax 415-394-1222
300 California Street
Learn It!

Koning Eizenberg Architects
1454 25th Street
Santa Monica, California 90404
Phone: 310-828-6131
fax 310-828-0719
Avalon Hotel
Rare Medium Offices

**Kuwabara Payne McKenna
Blumberg**
322 King Street West
Toronto, Ontario, Canada
M5V 1J2
Phone: 416-977-5104
fax 416-598-9840
Crabtree & Evelyn

David Ling Architects
225 E. 21st Street
New York, New York 10010
Phone: 212-982-7089
fax 212-475-1336
Cabana Postproduction Facilities

Eva Maddox Associates, Inc.
300 West Hubbard Street
Chicago, Illinois 60610
Phone: 312-321-1151
Chicago State University
  Student Union
Swedish Covenant Hospital

Mahlum Architects
71 Columbia Street, Suite 400
Seattle, Washington 98104
Phone: 206-441-4151
fax 206-441-0478
Doc Martens
The Pearl District Offices
  of Mahlum Architects

A.C. Martin Partners
811 West Seventh Street,
5th floor
Los Angeles, California
90017-3408
Phone: 213-683-1900
fax 213-614-6002
Padre Serra Catholic Church

L.A. Morgan
Post Office Box 39
Hadlyme, Connecticut 06439
Phone: 860-434-0304
fax 860-434-3103
Tribeca Loft
Cove Landing Antique Store

NBBJ Architects
111 South Jackson Street
Seattle, Washington 98104
Phone: 206-223-5555
fax 206-621-2300
Edmond Meany Hotel
Gene Juarez Salon

Olson/Sundberg Architects
108 First Avenue South
Seattle, Washington 98104
Phone: 206-624-5670
fax 206-624-5730
Atherton Residence
Bobo Residence

PNB
135 W. 17th Street
New York, New York 10013
Phone: 212-691-9980
fax 212-675-5939
Ideya Restaurant

Ivan Rijavec Architects
4 Wood Street
Fitzroy Victoria 3065 Australia
Phone: 613-9417-6942
fax 613-9416-0319
Alessio Residence

Rios Associates
8008 West 3rd Street
Los Angeles, California 90048
Phone: 323-852-6717
fax 323-852-6719
Rock Restaurant

Rockwell Group
5 Union Square West
New York, New York 10003
Phone: 212-463-0334
fax 212-463-0335
W Hotel
Next Door Nobu

Gisela Stromeyer Designs
165 Duane Street
New York, New York 10013
Phone/fax: 212-406-9452
Club Incognito

Clive Wilkinson Architects
101 S. Robertson Blvd.
Suite 204
Los Angeles, California 90048
Phone: 310-248-1090
TWBA/Chiat/Day West
  Coast Headquarters

Michael Willis Architects
246 1st St., Suite 200
San Francisco, California 94105
Phone: 415-957-2750
fax 415-957-2780
Alameda County Self
  Sufficiency Center
Glide Community House

WoHa Designs
135 Bukah Timah Road
Singapore 229838
Phone: 65-734-9663
fax 65-734-9662
Emerald Hill Residence
Singapore Residence

摄影人员

Aker/Zvonkovic Photography,
Houston, Texas
Padre Serra Catholic Church;
p. 194, 195, 196

Farshid Assassi/Assassi Productions
Randy Brown Studio and Residence;
p. 66, 67, 68, 69
Edmond Meany Hotel;
p. 78, 79, 80, 81
Broadmoor Development Company;
p. 127, 128, 129
Gene Juarez Salon;
p. 178, 180, 181

Richard Barnes
Kuhling/Wilcox Residence;
p. 15, 16, 17
Planned Parenthood Golden Gate Clinics,
p. 182, 183, 185

Tom Bonner
Rock Restaurant;
p. 106, 108, 109
American Cinematheque at Egyptian Theater;
p. 114, 115, 116

Earl Carter
Santos SAOABU;
p. 123, 124, 125

Eduardo Calderon
Grinstein Residence Bathroom Remodel;
p. 63, 64, 65

Benny Chan
TBWA/Chiat/Day West Coast Headquarters;
p. 131
Rare Medium Offices;
p. 135, 136, 137

Grey Crawford/ Beateworks
Avalon Hotel;
p. 88, 89

Pete Eckert
Bobo Residence;
p. 6, 7 (top),
Pearl District Office;
p. 148, 149

Pieter Estersohn
Tribecca Loft;
p. 59, 60, 61

Tim Griffith
Emerald Hill Residence;
p. 30, 31, 32, 33

Steve Hall, Hedrich Blessing
Swedish Covenant Hospital,
p. 191, 193
Chicago State University Student Union Building;
p. 202, 204, 205

Robert G. Hill
Crabtree & Evelyn Store (models);
p. 170, 171

Hodgetts + Fung
American Cinematheque,
p. 114, 115, 116

James F. Housel
Gaylord Residence Remodel;
p. 46, 48, 49

Timothy Hursley
Glide Community House;
p. 70, 71, 73

Warren Jagger
Le Merigot Beach Hotel and Spa;
p. 90, 91, 92, 93

Ken Kirkwood
Chelsea Millennium Hotel;
p. 82, 83

Albert Lim
Singapore Residence;
p. 34, 35, 36

John Linden
Woods Residence;
p. 18, 20, 21

Andrew Lautman
Pennsylvania Farm House;
p. 26, 27, 28

Douglas Levere
Ideya Restaurant;
p. 102, 103, 104, 105

Mark Luthringer
Learn IT!;
p. 158, 159, 160, 161

Michael Mundy
Cove Landing;
p. 175, 176, 177

Stuart O'Sullivan
Townhouse R;
p. 38, 39, 40, 41

Jim Olson
Atherton;
p. 13 (second from bottom)

Peter Paige
Crabtree & Evelyn Store;
p. 170, 172, 173

Alberto Piovano
Protti Apartment;
p. 51, 52, 53

Marvin Rand
Ten8Sixty-Five Architects' Office;
p. 143, 144, 145

Rijavec Architects
Alessio Residence;
p. 22, 23, 24, 25

Cesar Rubio
Postrio;
p. 110, 113

Antonio Maniscalco
Ghaiss Apartment;
p. 55, 56, 57

Michael Shopenn
My Garage Studio & Office;
p. 162, 163, 164

Andrew Mowbrey Stephenson
Townhouse R;
p. 38, 39

Holly Stickley Photography
Doc Martens Airwair USA Headquarters Office;
p. 155, 156, 157

Bruce Van Inwegen
Atherton Residence;
p. 12, 13 (top, middle left)

Joy Von Tiedemann
Modern Living Space;
p. 42, 43, 44, 45
Private Office, Toronto;
p. 118, 119, 120

David Wakely
300 California Street;
p. 150, 152
County of Alameda Self Sufficiency Center;
p. 186, 188, 189

Paul Warchol
Bobo Residence;
p. 7 (middle, bottom right, bottom left), 8, 9
Atherton Residence;
p. 13 (second from top, bottom)
W Hotel New York;
p. 74, 75, 76, 77
Club Incognito;
p. 96, 97
Next Door Nobu,
p. 99, 100, 101
Cabana Postproduction Facility;
p. 138, 140, 141
Children's Place;
167, 168, 169
University Hall;
p. 198, 199, 200, 201

作者简介

贾斯廷·亨德森以前曾为 Rockport 出版社编写过四本书——《工作场所与工作区》（Workplaces and workspacs）、《博物馆建筑》（Museum Architecture）、《娱乐场设计》（Casino Design）与《豪华热带丛林》（Jungle Luxe），这是一本关于生态旅馆与乡土风格旅馆的图书。另外，他还为华盛顿大学出版社撰写了《西北建筑大师罗兰·特里（Roland Terry）》，以及讲述博物馆的《旧金山现代艺术博物馆》。他在《室内杂志》担任编辑有十年之久，并拥有很多关于建筑、室内设计与旅游方面的国家与地方性出版物。亨德森居住在华盛顿州西雅图，同他的妻子，摄影师唐娜·戴（Donna Day）、女儿耶德（Jade）以及狮子狗帕科（Paco）生活在一起。

诺拉·里克特·格里尔是一位自由作者/编辑，从事建筑学相关编写工作有超过 20 年的历史。她是在《建筑学》杂志开始她职业生涯的。她是很多有关建筑学与设计出版物及书籍的撰稿人，曾编写了《建筑学的转变》（Rockport 出版社出版），同他人合作编写了《作为应答的建筑》（Rockport 出版社出版），《恰当的照明》（Rockport 出版社出版），此外还是《对隐避所的研究》（AIA 出版社出版）以及《隐避所的产生》（AIA 出版社出版）的作者。她居住在华盛顿。

雷西亚·苏切卡是华盛顿州西雅图 NBBJ 建筑师事务所一位主要负责人。她在 NBBJ 的室内工作室完成的米尼饭店以及吉恩·华雷斯沙龙设计都在本书中进行了介绍。